▶
2003年於英國保誠人
壽任職時,帶領同仁
前往俄羅斯莫斯科。

▶
與一群中學教師做攀登
玉山前的體力訓練。

▲
2005年英國保誠人壽同仁給我的生日賀卡。

▲
擔任英國保誠人壽總經理時，榮獲保險信望愛最佳專業領導人獎，
接受保險局黃天牧局長（現任金管會主委）頒獎。

曾任英國保誠人壽總經理時，帶領同仁前往美國參與年度高峰會議。

於南山人壽成立通訊處4週年的時候，獲得榮譽會最佳通訊處第一名。

▲
擔任英國保誠人壽總經理時，邀請各大媒體記者參加公司國外旅遊。

▲
16歲唸五專時創立幕覽之友聯誼社，擔任社長5年。

◄ 2001年林志玲小姐在大陸受傷，經公司安排SOS專機接送返台治療，痊癒後到公司致謝。

◄ 於英國保誠人壽任職時，保誠人壽英國總裁及亞洲總裁來台灣慶祝公司成立3週年。

◄ 參加中國大陸平安保險公司董事長梁家駒先生的獨生女兒結婚典禮（於香港維多利亞大飯店）。

擔任東南科技大學校友會理事長期間，邀請到時任總統的陳水扁先生及台北縣長蘇貞昌先生蒞臨東南科技大學校慶。

邀請金管會黃天牧主委出席中華保險服務協會理監事會議。

◀ 第十九屆金峰獎「十大傑出企業」及「十大傑出創業楷模」當選證明。

第十九屆 中華民國傑出企業 金峰獎 選拔活動

當選證明

受文單位：富士達保險經紀人股份有限公司

受文者：廖董事長 學茂先生

貴單位參選本會所舉辦之「金峰獎—大型企業組」

一、十大傑出企業 二、十大傑出創業楷模

台端業經大會評審團一致決審評定通過 貴單位領導者致力開創事業、造福人群、創造經濟繁榮的優異事蹟，為有志創業良好典範，足為業界表率，獲選為本屆金峰獎得主。本會除深表致賀之意，除此專函奉達，並將於頒獎典禮中頒發正式中英文證書。

懇請當選單位配合本活動於頒獎典禮後再逕行發佈獲獎新聞。

此證

主辦單位：中華民國傑出企業管理人協會
協辦單位：台灣區電機電子工業同業公會
　　　　　國際技師協會
　　　　　財團法人台灣經濟發展研究院
　　　　　中華民國電機技師公會
　　　　　台灣電子設備協會
　　　　　台灣省商業會
　　　　　台灣省工業會
評審單位：金峰獎大會評審團

中華民國一○八年二月二十三日

◀ 台灣七星獅子會（300A37）與日本愛知縣中川獅子會結盟10週年慶，當時我擔任財務長。

▲
擔任中華保險服務協會理事長，於2018 / 3 / 15舉辦研討會，
邀請金管會黃天牧主委出席。

▲
擔任中華保險服務協會理事長帶領產壽險公司高階主管，舉辦年度旅遊。

榮獲國家品牌玉山獎最佳企業從2015年～2020年六連霸，2018年第四次時，獲蔡總統於總統府召見。

連續3年榮獲「華人公益人物金傳獎」，由前總統馬英九先生頒獎。

▼

▲
連續當選5屆東南科技大學
董事會董事。

◄
獲第五屆世界傑出名人榜最佳個人成就
獎殊榮，代表台灣前往馬來西亞吉隆坡
領獎，全球總入圍人數超過1280人，最
終得獎21人。

於政治大學GEMBA就讀時，與同學前往
北京大學拜會「北京大學中國經濟研究
中心」主任林毅夫教授。

就讀北京大學EMBA時，與同學
一同拜訪咸陽市市長。

▲與台灣大學EMBA同學大合照。

2014年於朝陽科技大學授課時，帶領81位同學到台北進行一趟知性之旅。

▲ ▶
2020/12/1～2020/12/9參加台灣大學EMBA單車環島活動,順利平安騎完全程。

▲
政治大學GEMBA新生訓練,與同學合影。

◀
富士達保險經紀人專題
講座講師——世界麵包
冠軍師傅吳寶春先生

富士達保險經紀人專題講座
講師——台北金融研究諮詢
顧問呂忠達先生

幸福家庭 ▶

全家福

▶

大兒子於2017年
成家立業。

▲

二兒子出國完成獸醫博士學位也娶得美嬌妻，全家大小赴美參加他
的婚禮，一場台美兩家人正式建交。在美國威斯康辛大學校園內舉
行完婚典禮。

成功的祕道

人脈學院

祕道

大方向和小細節，
一手掌握。

廖學茂 —— 著

唯一正宗的獨家人脈

　　學茂是台大EMBA 108C班的首任班代。他總是笑咪咪的，非常受同學們的歡迎。擔任EMBA班代不是一件容易的事，要想融合各方豪傑，需要以身作則，激發大家的服務精神，也要個性謙和，能鼓舞大家積極合作。學茂秉持著「人生以服務為目的」的宗旨，出錢出力，以具體行動凝聚了同學的向心力，形塑了班上的融合氛圍。

　　學茂是成功的企業家，從專業經理人到創業家，又熱心社會公益。從他的為人處世、企業經營各方面來看，人脈經營絕對是他成功的重要因素。他願意出書分享獨門絕招，非常難得。

　　他在這本新書《成功的祕道：人脈學院》中，將一生的人脈拓展經驗、方法，整理成數個大方向和小細節。裡面不只有他自己的親身經歷，也包括了朋友及同仁實際面臨的案例與故事，生動地分享給大家。特別的是，書中還依年齡層，針對二十歲、三十歲和四十歲提供不同階段的建議，這對年輕人非常有幫助。

　　未來的人才要能夠跨領域地整合資源、解決問題，但是任何一個人的學習和經驗都有限，只靠一個人的力量不夠，需要結合一群人互相合作，「人脈拓展」成了必備的能力。但是學校沒有教這樣的軟實力，有了這本書，人人都可以

學習使用，在實踐中內化成自己的武功心法，成就自己的志業。

台大管理學院院長
胡星陽

推薦序二

成功的祕道：積極上進

　　我的好友廖學茂董事長又要出書了，書名是《成功的祕道：人脈學院》。毫無疑問的，學茂兄的人生是成功的，有成功的事業，有幸福的家庭，參與「張老師」基金會和其他團體從事公益活動，對社會有大眾貢獻，屬於人生成功一族的成員。

　　但學茂兄的成功並非偶然。他的成功祕道，我用四個字來形容——積極上進。他從東南工專畢業後進入保險業服務，因為工作積極認真，不但贏得老闆看重，也為自己贏得了第一桶金。由於他的積極人生觀，他決定自己組公司，後來成為業界的標竿。

　　他在事業成功後，又積極地追求更高的知識。四十歲時他到政大EMBA攻讀碩士學位，五十歲他到北大EMBA取得學位，六十歲他又到台大唸EMBA，如今又在朝陽大學擔任講座教授，我問他下一步計畫為何？他笑答：「七十歲時到哈佛唸EMBA。」他這種積極上進的人生觀，正是他成功最重要的祕道。

　　當然，他成功的另一條祕道是「人脈建立與助人人助」。哈佛有位校長說過：「哈佛畢業的學生中，真正最後有成就的，不是那些書讀得很好的人，而是那些人際關係好、人脈廣的人。」學茂兄正是人脈廣的人，而且他喜歡幫

助別人，別人也樂於幫助他。當我請他續任台北「張老師」中心主委時，他邀請五十位企業界朋友加入一起做公益，他的人脈廣和人緣好，令我羨慕又敬佩。

學茂兄在事業成功之餘，也熱心從事公益活動。他為「張老師」基金會積極募款，讓我們能為更多青少年和社會弱勢群體服務。他奮發上進的態度，和人脈廣布及助人人助的特點，都值得做為青年學習的榜樣。

承蒙學茂兄邀請為新書寫序，鑑於對他的敬意，很樂於為他新書推薦作序，相信本書有助於年輕人及社會大眾學習到成功之道。最後，祝賀他的新書能暢銷大賣。

救國團主任及「張老師」基金會董事長

葛永光

人脈成功方程式

　　我與學茂第一次認識就與他的人脈經營有關係，我與他在政大EMBA算是前後期的同學，由於我畢業之後一直在校友會擔任理監事，當時透過校友會幹部的介紹，認識了學茂。他是張老師基金會的主委，正為了基金會的電腦設備要汰舊換新而傷腦筋，想問問我這邊是否有資源可以協助。因為我本身對張老師基金會的理念非常認同，而且每年就有一部分預算是要投入公益的，因此這個事情只是把我的資源投入方向稍做一點調整，所以就爽快地答應提供協助，同時把公司另一個BU的主管、也是校友會幹部的慶柏學長一起拉進來把這件事情辦了！後來，我因緣際會又去讀了台大復旦班，在新生訓練的時候再度碰到學茂，才發現我們兩個人的緣分真不淺。

　　學茂本身從事保險相關產業，這個產業的特性就是要做對人的服務，因此人脈的經營就非常重要。因為我本身是工程背景，平常花在科技或產品上的時間比較多，看了學茂的新書《成功的祕道：人脈學院》，感覺茅塞頓開，他在書中非常有系統地用自己的經驗來說明如何經營人脈。我感覺經營人脈最重要的，還是發自內心的誠意及善意，如果是別有用心地刻意經營，通常對方也會有所警覺，結果就是無法真誠地交心，這樣就達不到經營人脈的效果了。有句話說得很

好，「花若盛開，蝴蝶自來，人若精彩，天自安排。」人脈經營某種程度上也與這句話講的有點像，所以這本書一開始就講吸引力法則，教你創造出更多自己的被利用價值，這種發自內在的誠意與善意經營出來的人脈，才會真正對自己有幫助。

好的人脈絕對會對人生帶來更多幫助，甚至如同書上講的「人脈＝金脈＝成功＝幸福」，希望大家看完本書，都可以找到自己的人脈成功方程式！

華碩電腦CEO
許先越

推薦序四

一步步完成設定的夢想

每一位年輕人都有一個成功的夢想，但要持續地成功卻是一件不容易的事情，活力、用心、不計較、勇往直前是必要的元素。

認識學茂已經是十幾年前的事情，我擔任班上的班代，他擔任班上的財務長，我認識的他是勇於承擔的人，EMBA的課堂上同學來自四方翹楚，各有各的想法與做法，他總能調和鼎鼐，再為難他也從來不推辭，我們需要協助時，他也都替我們事先設想好。我常想：怎麼會有一個人這麼有耐性、這麼願意為大家付出？這就是我對他最初始的印象。

之後，他從專業經理人變成了一個創業者，我更是見識到一個人對於事業的執著與努力。他將過去所累積的能力與人脈一一實踐在工作上，他用努力撐起業績，他用人脈開拓事業的廣度，用智慧組織運營公司，用愛和健康串起家人。如果你也追蹤他的臉書，就會發現他的時間管理超級有效率，除了工作以外，騎腳踏車健身、公益事業、種菜、旅遊、家庭活動一樣也不缺，在我們的眼中，他實在是一個事事樣樣萬面俱全的人。

這些年，學茂更多著墨在許多的公益事務上，各種不同的公益活動都有他的參與，尤其是「張老師」基金會，他一肩挑起主委的責任，因為他的參與，也幫基金會帶來許多的

外部資源，相信在他的領導下，這些年基金會才能有很不一樣的風貌！

在我看來，學茂是真正做到自助人助天助的實踐者，很感動他在新作《成功的祕道：人脈學院》中一字一句描述他成功的過程，毫不保留地在書中深入淺出地記錄許多重要祕訣，在書中的五大章節中，我們可以學習學茂如何一步一腳印地奠定成功的基石，建構完美人際生活圈和完美家庭安全網，是非常值得閱讀的一本書。

錸德集團副總裁、錸德文教基金會執行長

楊慰芬

推薦序五

人脈冠軍廖學茂

　　拜讀學茂學長大作之前，我從來沒想過人脈的經營可以有一本專書，也可以系統性學習。雖然說從小聽過「在家靠父母，出外靠朋友」，卻沒有想過交朋友、建立人脈也是需要方法的。

　　學茂學長是一個成功的企業家，也是我們班上唯一完成政大EMBA、北大EMBA及台大EMBA學業創舉的人。一開始，小弟我其實不太能理解人生要讀三個EMBA的理由，但讀完了這本大作才恍然大悟，來到EMBA不是建立人脈的最要管道之一嗎？

　　學茂學長是我們的第一任班代，對班上盡心盡力，以做公益的心來服務同學，也得到大家的肯定。像我們這種從小多一事不如少一事的個性，很難理解學長為什麼願意挺身而出，為班上努力，也是讀完大作之後，才發現原來這是學長一路以來的行為模式。在新書《成功的祕道：人脈學院》中，學長把人生的歷練化成人脈養成學，從二十歲、三十歲、四十歲各別提供不同的目標與操作方法，如果是一個年經學子，早早得到真傳，可以在人生上少走不少彎路。

　　雖然學長說「人脈＝金脈＝成功＝幸福」，但在建立人脈的過程中，最重要的是無私奉獻，不為金脈而人脈，要讓人感到是真心來交朋友，而不是有其他目的。天助自助者，

朋友間互相幫忙，互通有無，廣結善緣，自然金脈滾滾，事業有成，也往幸福前進。

很高興有機會認識學茂學長這樣一個有智慧的長者，雖然不能免俗地要祝福新書大賣，但個人以為暢銷不是學長心目中的目標，而是要把「人脈之道」訴諸於文字，佳惠大眾，傳承百世吧！

新竹台大分院副院長兼新竹醫院機構負責人

詹鼎正 教授

推薦序六

利他主義的實踐家

　　保險是人類有史以來最偉大、最良善的制度之一，保險商品的廣泛運用，則是這項偉大制度的具體實現。所有販售保險商品的業務人員，包含保險經紀人或保險代理人，可以說就是在傳達福音或善知識，而保險商品的推介與購買，也是一種把利他主義推升到最高境界的過程。

　　做才是得到！光說不練，曲高和寡，對整個社會是毫無助益的。廖董事長是我保險界受人尊重的前輩，保險工作經驗豐富、完整與圓通。他很年輕時，就在外商保險公司擔任總經理，現在更是國內前十大保險經紀人公司的董事長，員工上千人。廖董事長的這本新書《成功的祕道：人脈學院》，正是他多年保險工作經驗和深刻人生歷練的精華。

　　他是執行者，也是真理的實踐家。如上所述，保險的工作經驗，其實是一種利他主義的實現與窮盡。既然是一種利他主義的實現，就是一種與人為善、設身處地的過程。我相信也只有廖董事長具備這樣「與眾和合」的經歷與閱歷，才能將這一套利他的過程，透過系統化與具有邏輯性的方式來呈現，因此絕對值得大家仔細品味與學習。

　　最後，我也預祝這本富有哲理與人生智慧、又不失高度可實踐性的大作能暢銷大賣！以繼續傳遞善的知識與理念。

中華民國保險經紀人商業同業公會理事長
中華民國全國商業總會商事法規委員會主任委員
元亨法律事務所資深合夥律師

廖世昌 博士

推薦序七

關鍵人脈為你的人生打通關節

　　人脈這件事，宛如金字塔般，隨著工作不斷地往上累積，感覺像是個日常，從沒想到，人脈也可以系統性地整理出一套學習法則。廖學茂學長果然慧眼獨具，且是經過一生寶貴經驗累積淬鍊而成的智慧，新作《成功的祕道：人脈學院》讀了令人反覆檢視自己的不足與可精進之處，是本很實用且像是一盞明燈般的好書。

　　回想自己的新聞工作，人脈也經常扮演非常關鍵的角色，尤其是幾趟非常艱險的國外採訪，如果沒有找到「關鍵人」等於是事倍功半，甚至難以有效成行，更遑論我們還要產出精彩有深度的獨家內容。

　　像是在土耳其攻打敘利亞時，我們要前進邊境戰區，但因現場對戰激烈、烽火連天，沒人敢帶我們前往，在我始終秉持「記者就是要往災難裡去」及「唯有深入新聞現場，才能帶回那裡的真實」理念下，我從來沒有放棄的念頭，還是反覆推敲各路人脈的可能性，最終深入戰地且完成驚險萬分的採訪。

　　還有像是香港反送中的現場，街頭如戰場煉獄，我和團隊當場遭到港警催淚彈無情攻擊。在當時人民與政府產生極大不信任的氛圍下，新聞採訪與行動被高度監視與針對，要打入反送中民主派陣營也得深獲信任，甚至要找個願意載媒

體衝鋒陷陣的司機都很困難，最後能夠一一克服，也有賴許多關鍵人脈在每個環節扮演催化的角色。

另外像是我四度深入福島，探究日本三一一核災背後的真相與人民苦痛，要直搗核電廠爆炸現場核心、要深入家戶去觸探心理創傷，在在都需要更大的信任，但異國對我們來說等於人生地不熟，如何突破這些巨大的藩籬，人脈就是打通關節的良方。

但不可諱言的，上述論及的人脈都伴隨著一種信任，人與人之間所謂的「彼此互相」與「將心比心」絕對也是建立人脈的基礎，就像本書在總結裡所說的「持續、永久地付出，終究可以回饋到己身」、「貴人總會在神奇的時刻出現」、「用不同視野看待人脈這件事」。人與人的相遇相識相知是件很美妙的事，這也是我在製播《我是救星》節目所強調的「愛與幫助的力量」，它真的可以創造更多人生的精采！祝福大家！

壹電視資深主播

陳雅琳

各界踴躍推薦：
多到爆的一句話推薦 （依姓氏筆畫排列）

「從學茂一進來EMBA，我對他的印象就很深刻，經過一段時間相處，我真的很欽佩他。他對班上的事情非常盡心，非常具有熱忱，對家庭也非常在乎，每次看到他臉書上都是家庭的照片，真覺得看到一個非常好的範例。」

——台大管理學院院長
胡星陽

「學長曾對我分享自己的人生經驗和求學過程，也曾經直接把我的休學單給撕掉，讓我繼續努力完成學業，今年我們又一起完成環島的壯舉，所以我非常感謝他。」

——世博通國際有限公司總經理
丁仕杰

「學茂學長讓我最感佩的，就是他的經歷跟履歷都非常豐富，常常跟他請教問題，都可以獲得很好的建議。有一次聊天時，我們講到小孩教養的問題，他告訴我，其實就把小孩當成客戶對待就好了，讓我恍然大悟，難怪他們家庭這麼的幸福！」

——崇越科技股份有限公司技術長
丁彥伶

「學茂學長每天都會在我們班上的LINE群組裡分享金句良言，告訴我們做人處事應該注意的細節。他在新書裡也記錄了他的成功經驗，提供給想創業的年輕人參考，甚至他可以同時做公益，我覺得非常棒！」

——工研院電子與光電系統研究所組長
方彥翔

「學茂學長環島的壯舉給了我很大的啟發，讓我知道人生中任何事情只要堅持下去就會成功。」

——KKBOX Group公共事務負責人
王正

「很高興能夠為學茂學長推薦這本新書。他平常熱心公益，在產官學等層面都非常努力，而且值得大家學習。」

——方圓國際事業股份有限公司董事長
王國良

「學茂學長有一種溫柔溫和的堅定，以他這種地位的人，其實可以直接請大家做事，可是他不會，而是用一種很溫和的方式來跟我們解說事情的重要性，這點讓我非常欽佩，因為很多事情就是在這樣以和為貴的情況下，靠著人脈的運作，讓大家可以把事情完成。」

——台大醫院國際醫療中心執行長
朱家瑜

「如果你想要成功，就要看《成功的祕道》，當你看完之後，就會離成功愈來愈近。」

——蓮發工程董事長
李秀蓮

「我一直很開心社會上有學茂學長這麼一位企業家，願意把過去的學經歷和對人生的心得跟大家分享，我想這本書一定又會大賣。」

——仰德集團財務長
李盈助

「學茂班代總是充滿了正面能量，又不吝於跟我們分享他待人處事跟經營企業的心法，是一位非常令人敬重的企業家。」

——永豐證券投資信託股份有限公司基金經理人
李盈儀

「剛入學的時候，學茂班代就坐在我旁邊，他的高EQ、充滿熱情、熱心助人都讓我印象深刻，從他身上，我學習成長很多，非常感謝他。」

——德勤財務顧問股份有限公司資深副總經理
李紹平

「學茂學長和我們一起環島九天時，已六十三歲的他還是騎著人力車，讓我非常敬佩。」

——昶智股份有限公司董事長
阮延璽

「學茂學長是很好的榜樣，告訴我們學習精神就是不放棄，永遠向前，Fighting！」

——痞客邦執行長
周守珍

「每天看到學茂學長給我的心靈雞湯，裡頭很多感動的話語都讓我每天有很好的開始，謝謝學長，也祝福你的新書大賣。」

——高雄漢來大飯店總經理
周憲璋

「學茂學長是一個充滿熱情跟行動力的大家長，對班上的所有事務跟活動都不遺餘力，而且幾乎都會親自參與，相信像他這樣積極認真的人，出版的這本新書表現也一定會非常亮眼。」

——鋒魁科技股份有限公司總經理
林千惠

「成功的企業家常常喜歡講一句話——魔鬼藏在細節裡，學茂學長是一個非常成功的企業家，他在這本書就道盡大方向與小細節要一手掌握，有興趣的人、希望當個成功企業家的人，一定要看！」

——德立斯科技股份有限公司董事長
林廷祥

「學茂是我EMBA第一個認識的朋友。他是一個傑出的領導者，個性溫柔又堅持，對同學寬容又熱情，是我們班上的精神領袖。他也帶領大家參加「張老師」基金會的活動，一起做善事，克盡社會責任。相信人脈寬廣的他，能夠藉由這本書，帶給大家很多的鼓勵和省思。在此祝福他，照顧的人愈多，福氣愈大。學茂，身體要健康，繼續向前，大家以你為榮。」

——安侯建業慈善基金會董事長
林琬琬

「什麼是革命情感呢？那就是要同過窗、扛過槍、分過贓、嫖過娼，還好我們是最純潔的那種，而且學茂是我在台大最好的學習榜樣。」

——極上教育執行長
邱文卿

「跟學長是在台大EMBA認識的，我在他身上看到比我還要衝的行動力，還有做事的魄力，讓我很敬佩。」

——唯映投資股份有限公司負責人
洪文怡

「學茂學長給我的啟發，就是要認真為企業服務，並照顧好家庭。」

——廣宇國際股份有限公司董事長
洪榮宏

「二十多年前，一個好朋友把一個外商公司的保險前輩介紹給我，二十多年後，他在保險業界已是一個很有名的企業家。二十多年來，他不變的是熱情跟熱忱，改變的是他的企業規模愈來愈大，幫助社會的力量愈來愈強。廖學茂董事長是我的同學，也是我們班的驕傲！」

—— 草悟道開發關係企業董事長

栗志中

「學茂學長和我們都是超過六十歲的同學，在同班的過程裡，我一直看到他不斷地往前，見到他屹立不搖的精神。在我們的同學當中，他是典範，有值得我們學習的地方。他在這本書特別提到成功的祕訣，我相信在他身上我們可以有更多的收穫。」

—— 維新醫院院長

袁樂民

「學茂班代不管是在企業經營，或是家庭跟子女的教育，都非常的成功，這點也是我一直在努力追求的。這本書裡應該也記載著他奮鬥的點點滴滴，祝福這本新書出版順利成功。」

—— 新聯洋廣告股份有限公司副總經理

張俊杰

「學茂學長是一位非常成功的企業家，還是一位宅心仁厚的學長，他長期關注社會的弱勢團體，而且身為『張老

師』基金會台北中心主任委員，是非常值得我們所有同學學習的對象。」

—— 台大醫院急診醫學部副主任

張維典

「學茂班代是我職涯上的前輩，他正面的人生觀、鍥而不捨的精神、堅持到底的態度，都很值得我們學習。」

—— 台新國際商業銀行副總經理

盛季瑩

「很榮幸可以和學茂班代一起騎單車環島九天八夜，而且他也跟著我們一起騎完，非常不簡單！」

—— 新昕纖維股份有限公司董事長

莊育霖

「在一起環島的過程裡，我看到學茂班代一直不斷勇往直前，never give up，精神非常值得學習。」

—— 台北醫學大學附設醫院助理教授

郭芯妤

「學茂班代對我們全班都非常照顧，是一個非常大方大器的人，也正因為他為大家奉獻這麼多，他的人生非常有福報，小孩每個都事業有成，而且家庭幸福美滿，這是我最讚佩他的地方。」

—— 信義開發股份有限公司副總經理暨集團董事長特助

郭思吟

「他在上課時常常會分享自己從業多年的經驗，像是上策略課的時候，他就很熱心地分享他在保險業的管理方式和如何制定策略，讓我收穫非常大。」

——木生婦產科診所副院長
陳星佑

「我很謝謝學長，因為每次學長看到我的時候，都會跟我說『阿汝妳要加油喔！』對我們中生代年輕人來說，這句鼓勵的話一生受用。」

——台新證券資本市場處協理
陳姵汝

「對學茂學長印象最深刻的就是他非常enjoy生活，每次看到他總是笑口常開，所以我覺得他應該是個非常開心、非常會享受生活的人。謝謝他在這兩年間用他的熱情和快樂影響全班。」

——Gonna共樂遊 食・旅・生活總經理
陳斯重

「認識學茂班代已經有一年多的時間，我聽到了許多他創業、經營和引領企業前進的想法，對我們這些年輕一輩的創業家來說，是非常重要珍貴的經驗，是學習的寶藏。希望這本書可以為我們這個社會帶來更多幫助。」

——策品創新股份有限公司執行長
陳宗逸

「學茂學長不只熱心公益，人又長得帥，體力也好，是我非常好的同學。畢業之後，我會常常想念他。」

——陳俊男建築師事務所負責人

陳俊男

「學茂學長為人非常熱情又樂於助人，相信這本書一定可以幫到更多的人。」

——美科實業總經理

陳俊偉

「學茂學長有一顆很柔軟的心，對家人、對朋友、對同學、甚至對他栽種的一草一木都很呵護。」

——可倫國際股份有限公司總經理

曾姿瑋

「和學茂班代第一次接觸時，我問了他有關經營的心得、想法，他居然可以滔滔不絕地跟我講了一、二十分鐘，真誠大方地分享如何思考企業的經營，以及他的人生跟價值觀等。」

——地標網通股份有限公司總經理

游家佑

「祝學茂學長事業蓬勃發展、家庭闔家、幸福美滿。」

——馥華集團執行董事

游伯湖

「學茂學長是一個非常熱心、樂於助人又很講義氣的同學，像有次校園馬拉松活動，雖然他有事沒辦法參加，但他知道我們需要保險，二話不說就全力支持，讓整個保費增加到一億兩千萬元。祝福學長在事業、家庭都可以一直非常順利。」

——岱宇國際股份有限公司副總經理
黃郁之

「班代總是笑臉迎人、熱心助人，對班上的活動又熱心參與、全力支持。在班代的領導下，我相信我們都會正向思考，然後將您對我們的影響力發揮出去。」

——勤業眾信聯合會計師事務所會計師
楊靜婷

「學茂班代充滿了幹勁，這幾年也連續得了非常多的獎項，恭喜他出書，祝一切順利。」

——新竹台大分院副院長兼新竹醫院機構負責人
詹鼎正

「學茂學長在不同領域的人當中，可以用非常大的格局，很謙卑地去學習，並包容不同的意見，讓自己的事業能夠融入更多人的優點，讓自己的工作能夠愈做愈好。」

——陳立教育南區營運總經理
廖仁瑋

「學茂學長是我看過最成功的企業家之一，也是熱心公益的企業家之一，希望這次他的新書能夠大賣，事業也一樣的成功，家庭幸福。」

——野村設信副總經理
廖繼瑜

「認識學茂班代一年多以來，我印象最深刻的，就是我們要騎腳踏車環島時，我問他說要用腳騎還是電輔，他毅然決然回答說：『當然是用腳騎的，我們是年輕有為的人，所以必須要用腳騎。』我很欣賞他的正面積極。」

——麗山社區關懷協會常務理事
褚顯超

「這本書收錄了很多學茂學長精彩的人生經驗，很高興能夠推薦給大家，祝新書大賣。」

——珈特科技股份有限公司總經理
劉宏清

「我非常敬佩學茂學長，現在他把成功的祕訣寫成一本書，希望大家都能從中獲得很大的幫助。相信這位常常得獎的企業楷模，可以帶領我們邁向成功。」

——台大醫學院復健科副教授
潘信良

「當有同學在人生低谷打算休學時，學茂學長非常主動積極地加以挽留，大家都很感謝他的付出。」

——翰廷精密科技副總經理

蔡啟智

「學茂學長做任何事情總是非常認真、非常到位，是大家的好榜樣，相信這次出書也可以順順利利地大賣。」

——宏碁股份有限公司專案總監

蔡傑智

「去年，班代說要再增加一項運動，來實踐對自己的承諾，所以就買了一台自行車，也實現了單車環島，他對承諾的身體力行，值得我們大家學習。」

——廣為科技股份有限公司總經理

蔣青峰

「認識學茂學長幾年，他讓我印象最深刻的，就是他在擔任班代期間對班上的熱情奉獻，以及他的高EQ，對我們創業的時候，是一個很好的經驗和示範。」

——幣託科技執行長

鄭光泰

「學茂學長是我EMBA的同學，他是我見過『取之於社會，用之於社會』的最佳典範，同時也是熱心公益的最佳代表。我對他印象最深刻的地方除了事業成功之外，還有一次他邀請我們去他宜蘭的家，跟我們分享他用心以有機方式種

植出來的水果，讓我看到了他自然、純樸、溫馨的一面，他真是回歸大地的人。」

——靚優健康醫學美容診所院長
鄭嘉琪

「我非常佩服班代能夠把事業跟家庭照顧得很好，恭喜班代出新書！」

——艾爾文創事業集團執行長
賴俊瑋

「學茂學長非常熱心參與班上的所有活動，我們一起去單車環島九天時，他的毅力讓我留下非常深刻的印象。」

——新益普索市場研究總監
謝惠玲

「我跟學茂學長是在台大EMBA認識的，但後來才知道我們原來是十幾年的老鄰居，而且我是三星人，他在三星也有座農舍。在這幾年的歷程裡，他分享了很多他的人生經驗，包括創業過程，給了我很多的啟發。當我需要幫忙的時候，他也適時地提供協助，真的很高興可以認識這麼溫暖且樂於助人的學長。」

——永信國際投資控股副總經理
簡志維

自序

一條走了四十年的成功祕道

　　二〇二一年剛好是我工作滿四十年的時間。人生有三分之二時間都在工作，也有些微的成果，所以我在這第三本書《成功的祕道：人脈學院》裡，和大家分享相關的心得，歡迎大家一起來閱讀，相信能有諸多收穫，感謝。

　　說起我前兩本書，第一本書《布建10萬人脈》（二〇一〇年）和第二本書《一堂5000萬的課》（二〇一四年），都是我人生足跡中相當重要的篇章，很幸運有記錄下來了，但也都最少六年以前了，於是這次我將這些年來自己最新的發展和回顧，統統一次向大家報告。

　　本書有五篇。

　　第一篇主要說明為什麼會有「人脈＝金脈＝成功＝幸福」這個公式。這篇是一個基礎篇，告訴大家人脈經營的基本原則，和主要該注意的幾個大方向和重點，算是進入本書的熱身操，先熟悉本書的立論邏輯與觀點，有助於後文的閱讀和理解。

　　第二篇是為二十～三十歲的年輕朋友設計的**人脈發展原則和方法**，還有很多小細節可以參考。二十多歲年輕人的人脈發展特色就是沒錢也沒資源，還處在「人脈墾荒期」，所以都給他們一些人脈扎根的基本方法建議和指導，強調不能急、找對正確方向與目標後義無反顧地往下走就對了。

　　第三篇則是給三十～四十歲朋友的建議和經驗談，包括經過差不多十年左右的社會歷練後，在人脈經營上所會遇到**的瓶頸和困難**，以及**突破的竅門**在哪裡；最重要的是如何分**辨哪些該做、哪些不該做**，如何對人脈去蕪存菁，重新再出發。

　　第四篇則是針對四十歲以上，五十、六十、甚至七十歲的朋友也都適用的**進階版人脈發展、維持和穩固的經驗談**。和這些資深的老朋友談一談如何求救、如何人脈進入高階、如何媒合朋友……等等視野不一樣的人脈觀念與問題的處理方式。

　　第五篇，也是最後一篇，則總結了我自己這**四十年來關於人脈拓展的想法**，和回顧人脈發展的成績，最後以台大EMBA的經驗做為結尾，也顯示了我終身學習和終身服務的人生觀還沒完結。所以這是一個非完結的完結，也希望號召大家可以一起和我走這條服務與公益的人生路。

　　回顧整本書，和大家分享的不僅僅是我個人的故事，更多是一起走過這些歲月的先進、好友、同業和同仁的諸多經驗及事蹟，在這裡一併致謝。還是那句老話：「一個人走得快，一群人走得遠。」就讓我們大夥一起走下去，長長遠遠地走下去！

　　此外，我在這裡再重申一點，**家庭才是人脈發展的基礎與核心**，沒有令人安心的家庭生活，怎會有好好發展的人脈網絡？這點一定要清楚，所以老祖宗才會說「齊家、治國、平天下」，這哲理不可不明。

　　在這裡，也容我介紹一下我家庭成員，沒有他們的陪

伴，就沒有今天的廖學茂，感謝他們。

　　我的夫人林新鳳女士，富士達保經資深副總經理、財務長，民國七十二年（一九八三年）與我結婚至今三十八年，一直是我背後的支柱。沒有她，我就沒有人同甘共苦，分擔痛苦和分享快樂，人生就沒有味道了。而且她還為我生了兩個兒子及一對雙胞胎女兒，一共四個很棒的孩子，能回報她的就是和她愛我一樣地愛她一輩子。

　　大兒子廖英翔，台大政治系，美國南加大法研所，富士達保經執行長兼行銷長。已婚，育有一對雙胞胎兒女。

　　小兒子廖本庭，台大獸醫研究所碩士，加拿大University of Guelph獸醫博士，在美國大學擔任教職，已婚。

　　大女兒廖苡嘉，輔仁大學新聞傳播系，富士達保經教育訓練部經理兼媒體公關總監。

　　小女兒廖苡慈，東吳法律系，政治大學法研所，現任執業律師。

　　最後，回顧這一條走了四十年的成功祕道，我還是要和大家說，持續服務、一直分享才是真正的「不敗成功法則、幸福來源」，祝福大家。

目次

Part 1

人脈王就是這樣練成的：人脈＝金脈＝成功＝幸福

Part 1

人脈王就是這樣練成的：
人脈＝金脈＝成功＝幸福

大概沒有人不想成為人氣王的吧！但是並非每個人都能夠如願以償，這又是為什麼呢？其實原因就在於很多人沒想透幾個關鍵點而已，本篇將為大家詳細說明受人歡迎的重要因素，以及人脈與金脈、成功、幸福的密切關係。

1. 人家為什麼要幫你？

在人脈經營中，有一個最基本的問題，那就是人家為什麼要幫你。這裡我先排除別有用心的人刻意要幫助你這種特殊情形，回到這個問題最重要的本質——你本身的人格特質——來討論。

大方向 1 吸引力法則：具備正確的三觀

換一個角度來思考，我們為什麼要去幫助一個人？追根究柢，就是「願意與否」而已，簡單說，就是這個人對我有沒有吸引力。這裡的吸引力就是所謂的「人格特質」。

在人脈經營之中，哪一種人格特質最容易獲得幫助呢？綜合個人經驗和專家學者的研究發現，**擁有正確三觀的人，在有形、無形中散發出的氣質會結合成一股「吸引力」，而讓人樂意親近並提供協助。**這在人脈經營上是不可或缺的重要因素。

三觀的定義

一般將人生觀、價值觀和世界觀合稱為「三觀」，如果違背這些基本價值則稱為「毀三觀」，往往會被視為「離經叛道」。

「正確的人生觀、價值觀和世界觀」指的又是什麼？

雖然有些籠統，但大致上說來，正面思考、樂觀、積極向上、幽默……等等特質都算是正確的三觀。由於本書不是

哲學專書，所以不就這些細節深究，這裡，我想說的是這些特質會帶來正面效應，讓人感受到安定、舒適等良好感受，進而形成一股「特殊吸引力」，令人願意來幫助你。

職場上的三觀

在人脈經營及職場上，正確的三觀歸納起來有「**不搞外遇、拒絕貪汙、照顧家庭**」三點。這三點是我生命中最重要的貴人梁家駒先生所說的，簡潔易懂，完全沒有傳達上的障礙，卻也是最嚴格的標準。

話說保誠人壽台灣分公司成立後，梁家駒擔任總經理，並找我擔任執行副總，我們成了更緊密的事業夥伴，攜手建立起保誠在台灣的制度。後來，他升任董事長，負責大陸、台灣、香港等大中華區事務，必須經常跑其他地區、國家出差；我則擔任台灣區總經理。我們倆合作無間，成為事業和人生中最重要的夥伴，在事業中互相拉抬、成長；在人生中互相砥礪、支持。

有一次聚會上，眾人討論到「人生觀、價值觀、世界觀」這三觀時，梁家駒告訴我們，擔任領導人或高階主管，一定要謹記做到三件事：第一，不能搞外遇、有桃色新聞；第二，要禁得起誘惑，拒絕貪汙，簡單來說，不能透過職務方便假公濟私，甚至用不當手段拿不該拿的錢；第三，要把家庭照顧好。

我則說：「不只主管要做到，這三點更應該是每個人正確三觀的基礎才是。我自己就奉行這三點，終身不渝。」這話讓他大為讚賞。

說真的，對我來說，要做到這三點太容易了。從我進入職場到現在，不僅以身作則，後來擔任保誠人壽執行副總、富士達保經董事長時，我也告誡每位來應徵的高階主管必定要做到這三件事。

經過四十年的職場驗證，我確實做到了不外遇、拒貪汙、顧家庭這三點，但部分人仍無法抵擋美色誘惑，而且不管男人、女人，一旦有外遇，其他兩項最起碼會有一項破功，不只導致家庭破裂、離婚收場、妻離子散，更會使得事業、財務都受到重大影響，毀了自己的人生。

毀三觀的後果

舉一個不好的例子讓大家做為警惕。

有陣子，我發現有名主管報帳不僅頻率變高，金額也突然暴增很多，而且每次都是和同批部屬交際應酬。有一天，我問了同仁：「你們感情怎麼這麼好，那麼常聚餐？」同仁第一時間的反應是大惑不解：「我們哪有約吃飯？」

當下，我已心裡有數，便先停住這個話題，不向同仁多透露。後來，我利用機會詢問當事人：「最近你申請了幾筆帳，與同仁吃飯都談些什麼？」此後，就不再見他申請任何餐費了。等到東窗事發，大家才知道該主管搞外遇，假公濟私報的假帳是約會餐費，結果搞得自己不止信用破產，人生也面臨極大的困境，更甭談人脈經營了！

因此正確的三觀才是人生幸福的基礎，更是人脈經營的重點之一。

大方向 2 反求諸己，能力肯定優於人脈

我們雖然無法選擇出生在什麼樣的家庭、有什麼樣的父母，卻可以選擇自己要成為什麼樣的人，人脈經營就是形塑自己的重要模式之一。

我在小學第一次一個人勇闖台北後就發現，以自己無權無勢、毫無資源的身家背景，唯有廣結善緣，經營人脈，把為他人服務當作為自己服務，從事「人的產業」，才有機會成功。總之，哪裡人最多去哪裡就對了，所以到台北發展就成為我最大也最主要的目標，一心認定在那裡做服務才可能功成名就。

事實證明，這個理念是正確的。基於這個原因，人脈經營是像我這樣螻蟻般的年輕人要成功的最佳途徑，以前是如此，以後也是如此，除非人類滅絕了，否則這個「互助成長」的模式絕對是會持續發展的。

培養受人喜愛的條件

話說回來，在思考如何受人喜歡之前，必須先培養「被人喜歡」的條件。不是想著去討好誰，而是先自我「蛻變」。**唯有自己優秀到被人看見，人家才會願意靠近你、幫助你，不是嗎？**這是增進人緣最基礎的要素之一。

因此我仔細思量之後，決定要多多閱讀和培養美感，這是提升與改變自己最好的方式，也是一輩子都要持之以恆的事，絕不能半途而廢，畢竟「學如逆水行舟，不進則退」。

閱讀和美感訓練的具體做法後面會再詳述，這裡我想強

調的是，自我能力的提升，還會帶動人品、執行力和被信任度等層面的進步，是經營人脈的基本條件。天下沒有不勞而獲的事情，只有努力被看見、被認同後，人家才會幫助你。

羅東彭于晏的故事

舉個例子。羅東的小洪待人誠懇，工作努力，而且為人老實，絕不說謊。此外，他還很積極地去上卡內基、管理和財稅等各種課程，做為提升自己的手段。

認真上課、勤懇學習之外，他最有趣的就是自我介紹了。在每個班上，他都會自稱是「羅東彭于晏」，此話一出，配合他「略顯豐腴」的身材，每每惹來一陣哄堂大笑，此時，他就會馬上再秀出二十歲時的照片，當時的他瘦如竹竿，與現在判若兩人，這種巨大反差又會引起眾人的不可置信和驚呼連連，覺得這個人真是別具一格，而留下深刻的印象。其實，這招是很多人都會用的老套了，但憑良心說，他這番自我消遣的效果仍是非常好的，屢試不爽，大家可以好好參考一下。

接著，他會風趣橫生地介紹自己的特殊事蹟，運用幽默的語調和內容，讓人不知不覺產生好感，再加上熱心公益和樂於服務的行動力，有事都搶先去做，自然就塑造出親切可靠的形象，讓每個人都非常喜愛和信賴他，人氣王當然非他莫屬了。

因此他在學習各種課程的過程中，不只增加了學識，也創造了人脈拓展的複利，令他業績大增，這就是凡事反求諸己、增進自我能力的最佳示範。

大方向 3　善用間諜思維：洞察人性，知所進退

所謂「間諜思維」指的就是「察言觀色」，我們要懂得看人臉色，知道如何「相人」，並從各處細節蒐集各種情報，從而判斷出周遭情勢，作出最正確的決斷，該前進的時候不退卻，該後退的時候不躁進，才不會做出魯莽的行為和決定。

若換個角度來看這個思維，當我們想經營人脈時，就必須經由真心誠意的學習，變成一個有禮貌且有教養的人，如此一來，他人自然會對我們產生好感，進而主動協助我們，最起碼會配合我們的行動，再幫助我們創造機會。

這個原則當中最重要的有三點：**一是發自內心的真誠，其次是蒐集資訊的能力，最後是合宜的行為舉止。**這三點缺一不可，而且要循序漸進，一旦順序不對或稍微冒進，事情很可能就無法按照事先設想的進行了。

現代伯樂的徵才術

以下我舉一個我司宜蘭區主管的例子，大家就更容易理解了。

這位主管姓林，大家都叫他小林。在進入保險圈前，小林在家具行服務，每天的工作從打掃開始，完成掃地、拖地、擦窗戶、擦桌椅等工作後，才開店做生意。

這種一成不變的工作做久了，很多人就會怠惰下來。但是小林個性認真，不只注意工作細節，店裡每一項產品的相關資訊都記得滾瓜爛熟，客人的任何提問都難不倒他。所以

很多客人不管買不買，聽完他的介紹都會忍不住問：「你是老闆吧！不然怎麼會把產品介紹得這麼好。」聽到他說「不是」時，都會瞪大眼睛看著他，覺得「怎麼可能！」。

這種眼光他看多了，自然也不在意。有一天，一位中年女性來看家具時也是如此詢問，也是同樣的驚異眼光，只是這位小姐多說了一段話：「先生，我看你的特質非常適合保險業，有沒有興趣進一步了解呢？」小林沒多想就順口答應了，但小姐走後多日沒消息，他便將這事拋諸腦後了。

某一天快下班時，當那小姐和一位中年男性一起走進店裡，小林才又想到這件事。三人移步咖啡廳洽談，才剛坐下，小姐就說了：「林先生，我姓鄭，這位是我的先生，他姓陳。實在抱歉，之前雖然說過要正式拜訪你，但我一個女性邀約男性不太方便，而我老公也是同行，卻不巧外出公幹，我只能等他回來再一起過來，還請原諒我們的延遲與冒昧。」

聽完這番話，小林立刻對鄭小姐刮目相看。試想，如果這位鄭小姐到家具行參觀完後沒幾天又跑來找小林，即使沒其他目的，從小林角度來看也會覺得奇怪，尤其宜蘭是鄉下地方，如果有不好的傳言就麻煩了，自然還是要避嫌才好。若非如此，只要小林一猶豫，這個邀約可能就不成了。

相反地，今天她是和先生一起來，那自然是光明正大了，而且邀約更具誠意了，小林拒絕的機率就會大幅降低。光想到這一點，小林就感到鄭小姐的深思熟慮，因此更好奇他們的來意。

小林還注意到一個小細節，就是當時三個人所坐的位

子。在四人桌中，陳先生和小林坐同一側，鄭小姐坐對側，不知道是有意還是無意的，小林坐到了靠牆的位置，這樣一來，他就算臨時想開溜，也要費一番手腳了。小林事後細細回想起來，忍不住佩服起鄭小姐夫婦倆的經驗豐富、籌劃仔細。

再說這次的會談也確實精彩，不僅讓小林對保險改觀，還細細思量自身的性格與特點一番，認為自己應該具備他們說的特質才是（當然對方也可能是想邀他加入才如此說），於是決定先以兼差形式試試看，沒想到就此開啟他的「保險人生」。他回想起這段歷程，也不得不感嘆「人生真是太奇妙了！」

面面俱到的獵人頭行動

看完這個例子，現在我們來檢視一下，是否印證了以上所說的三點：

首先是發自內心的真誠。從小林的角度來看，他將認真工作、做事仔細當作分內之事，忠實扮演好自己的角色，不管客人買不買家具都一視同仁，認真解說，才會贏得包括鄭小姐在內所有人的一致好評，也才能進入鄭小姐的「獵人頭名單」。

再從鄭小姐的角度來看。其實那天她也不是偶然走進家具行的，而是在做保險業中的陌生拜訪。鄭小姐每週都會利用半天或一天的時間掃街，拜訪陌生店家，想找到成交機會，同時尋訪發掘適合進入保險業的有緣人。在這樣有心的搜尋下，才能碰到小林，進而吸收他。

這都是雙方誠心誠意待人做事所結出的善緣。

其次是蒐集資訊的能力。以鄭小姐來說，她仔細觀察過小林為人處事的方法與態度等細節，並綜合分析各種相關資訊，確定小林是適合人選之後，才登門拜訪。為了不唐突鹵莽，她選擇與老公一起正式拜會，既避免了諸多不必要的尷尬、猜想和誤會，也更令人感到舒服與尊重。最後，她再利用小技巧，讓小林必須專心聆聽她與老公的介紹，最終才能打動小林，讓他願意轉行。

在這個過程當中，小林也夠具慧根，能夠接受到對方發出的訊息，才有了以上的觀察心得，同時看出對方是有心人，而樂意接球。這要歸功於雙方都擁有足夠的資訊蒐集能力。

最後才是合宜的行為舉止。鄭小姐分次分段推進，由陌生人到不成交的客人，再抓住時機進行關鍵會晤，搖身一變成為引領小林轉行的推手。整個過程都在鄭小姐的安排之中，小林雖然只是接球者，卻能夠「識時務者為俊傑」，審時度勢，充分理解自己，迅速判斷出此為轉變的好機會，才沒讓大好前程溜走了。

綜合上述，從雙方的思路和想法來分析，是不是有點諜對諜的味道！其實，請大家細思看看，人與人的來往不就是運用「間諜思維」中最重要的洞悉人性，並做出正確判斷與行動的結果嗎？

小林如果沒有以上三項特質，就不見得會有鄭小姐願意由暗轉明的幫助了，對吧？

小細節 閱讀、品味美感

如前所述，當自己可以「**創造更多被利用價值**」，別人才會看到你，才會樂於接近你、被你吸引，人氣自然能夠水漲船高。

提升自己最好的方式就是閱讀和培養美感。其中，閱讀應該是最基本的，因為**多讀書才能知道自己的不足，才會持續彌補缺點**，將它逆反成優點。而在「德智體群美」五育中，美育之所以排名最後，不是它不重要，反而正是因為最重要，所以才要齊備前四種教育、因緣俱足後，才能做到第五育，也就是美育的培養。

既然美育的養成最難，在這個過程中自然也要一個階段一個階段晉升才行。這個道理是我上了東南工專，課餘老是往重慶南路的書店跑，博覽群書之後領悟出來的。

書中自有黃金屋

了解這個道理之後，我心想：還真是歪打正著，愛閱讀竟然有這麼多好處和紅利，從此以後，我就更愛閱讀了。此外，我也萌生了「終身學習」這個可令自己保持上升狀態的人生目標。

因此每逢假日或寒暑假時，我大部分時間不是閱讀，就是到處去聽演講、認識新朋友。學生時期，我常常到書局看書，看最多就是關於王永慶的書籍，從閱讀中體認到「**人脈就是錢脈、金脈**」這個道理。

我最欣賞王永慶的勤儉持家。印象最深刻的是他有很強

的投資觀念，賺到錢後就蓋學校，為國家培養下一代的人才，最後請這些學生到公司上班，也就是另一種形式的人脈累積。

我始終相信，**人生是結果論**。以王永慶來說，雖然他的學歷不佳，但最終卻培育出無數的人才，非常多的大學生、博碩士都為他所用，成為台塑集團的人才庫，更是壯大台塑集團成為跨國大企業的基石之一。

同時，我還獲得一個啟示──只要努力不懈，我一定也可以到一流大學就讀，與優秀人才交朋友。現在回頭看，我也確實做到了，自東南工專（現在已升格為「東南科技大學」）畢業後，這幾十年來我又陸續唸了文化大學（因為工作繁忙和結婚關係，我被迫放棄學業，至今遺憾不已）、政大EMBA、北大EMBA和台大EMBA等學校，為自己設定的終身學習目標持續奮發向上。

當然，在這累積過程中，也必須讓自己的心態調適得更好才行。接觸這麼多的人，當中一定會有人不喜歡你，但只要做好自己分內的事，並留心待人接物的小細節，反求諸己，那麼聽到批評自己的話語，也可以泰然處之。

廣泛涉獵，成為有趣的人

至於閱讀的書籍，從東南畢業進入社會後，我都是選讀管理、保險相關的書籍居多，因為和自己的行業相關；近十幾年來，我的閱讀範圍就更為廣泛了，例如：《今周刊》、《商業周刊》、《遠見》等商管、投資相關的雜誌。我每個月也會到誠品選購好幾本書，包含：藝術、音樂、烹飪、時

事，廣泛涉獵不同領域，不止能增廣見聞、變換氣質，對於日常聊天也有莫大幫助，在與朋友交談時做為談資，自然能夠與人親近，更是人脈經營的一項利器。

　　我特別喜歡鋼琴和小提琴演奏的古典音樂，尤其蕭邦的鋼琴曲更是百聽不厭，有時假日到宜蘭農莊小歇，打開一本好書，泡一杯茶或一杯咖啡，看著窗外太平山的遠景，再配上蕭邦的鋼琴曲或小提琴演奏曲，就可以消磨一整個下午，真是人生一大樂事。

▲窗外的無敵美景，佐好茶、好書、好音樂，真是好療癒。

2. 我憑什麼讓人家幫？

幫助與被幫助，是人際互動和人脈經營中非常重要的一環，因為經由這樣的交流，人與人之間才更能互相理解和認同、從陌生到熟悉，最後成為朋友、甚至夥伴。

這整個過程牽涉到的部分相當複雜，本單元就如何主動尋求幫助提出一些說明，幫助大家在人脈經營上發現以往的錯誤，進而加以改善。

大方向 1 我會用愛的語言

人與人的相處雖然很多時候是超越語言的，但語言還是至關緊要的，是人與人建立關係中，樹立相處模式最重要的基石。人說「話不投機半句多」，一開口就能獲得對方的好感，是很重要的技能。我自己則一定會使用「愛的語言」。

上網搜尋這詞句會發現五個重點：肯定的言語、精心時刻、贈送禮物、服務的行動、肢體接觸。不過這幾個原則是關於親友交往的相處辦法，以和陌生人快速成為朋友並提出幫助來說，其實只要肯定的言語和服務的行動兩點即可。

以肯定的言語來說，我們向人求助時，言語除了客氣有禮以外，還必須要真誠，才不會產生反效果。

以我自己來說，生平第一筆案子就是在這種情形之下成交的。

我的第一筆案子

剛入行那一年，一開始幾個月我也像所有新人一樣，空有滿腔抱負和熱情，卻是一個案子也沒有成交，雖然一再告訴自己不要灰心、保持希望，但沒成交就不會有收入，怎麼過日子？

就在我處於日漸焦慮的情況時，發生了「撫遠街瓦斯大爆炸」事件，當時死傷慘重，舉國震驚。想了解詳情的讀者可以上網查詢，即可找到詳盡的圖文資料，明白我所言非虛。在這樣的情形下，長官指派我去附近的店家試試看，希望能為這些居民盡一些心力。

在那個投保率只有四％的年代，很多人都對保險一知半解，還是把「拉保險」的人列為不受歡迎人物。但我不在乎，因為我知道自己的目標和使命，只要有機會和大家說明，必定能夠消除疑慮，進而成交了。

我抱著這樣的誠意和使命感去到了事發現場。一到才知有多慘烈！只能說知道是一回事，看到又是另一回事。雖然還不到斷垣殘壁的地步，但滿目瘡痍卻是毫無疑問，我看得倒吸一口涼氣，真是太可怕了！

匆匆看過現場，轉頭望望四處，我就找了一間店家進去詢問相關情形。

我和老闆簡單聊了一下爆炸情形和後續狀況，見他臉上餘悸猶存，就安慰道：「老闆，還好您吉人天相，沒受到波及。」「是啊！這種意想不到的災難，要怎麼預防啦！死這麼多人，光是他們的後事，那些老鄰居就不知道該怎麼辦了，還要一大筆錢，我們這些沒事的鄰居也只能勉強湊點錢

送過去，應該還是差很多吧！真是夭壽喔！」老闆替那些鄰居擔憂著。

「老闆，說實話，事情也不完全是這樣的，比如說有保意外險和壽險還有醫療險的話，遇到這種事情，起碼家人都還有保障，可以拿到理賠金。受傷的話，還有養傷的錢，都不用擔心。」聽到老闆那樣說，我順勢用誠懇的語氣和他提到保險的保障。

他一時反應不過來，愣了一下，看了看我才說道：「什麼東西？保險！你是拉保險的喔！」原本閒聊的輕鬆語氣明顯多了一些防備。

▲造成重大傷亡的撫遠街瓦斯大爆炸，讓許多法令也有了改進的機會，同時促進了民眾對保險觀念的重視，長遠來看，也是社會進步的一個里程碑。本圖出處：國家文化記憶庫https://memory.culture.tw/Home/Detail?Id=2385934&IndexCode=online_metadata

菜鳥突破人心防的絕招

「老闆，不用擔心，我只是順口聊聊。您想想，如果每個月固定繳一些錢，萬一有天像這次這樣發生意外的話，就能獲得一大筆理賠來安頓家人生活、甚至養傷，然後重新站起來，這樣不是很好嗎？」我用最誠心誠意的語調說道。

「怎麼可能有這麼好的事情？保險那是騙人的吧！我不相信。」老闆的疑慮沒因為我的誠懇而消除，反倒愈來愈嚴重，從他的眼神看來，也已經把我當成騙子了，只差沒有趕人而已。

我趕緊把預備好已成交但隱去個人資料的合約影本遞給老闆看，並足足花了一個多小時的時間，詳細解說這不是騙人的，是貨真價實的東西。最後，當老闆的女兒走進來時，我告訴老闆：「老闆，如果真有意外，不管是受傷還是身故，都可以有一筆錢安家、安身和安心，你女兒可以繼續讀書，老婆和家人能夠繼續生活，您也可以養病，讓人生盡量在正軌上進行，這不是很好嗎？」

老闆看著我的眼睛，再看看他女兒，最後再看著門外鄰居災後殘破的房子，終於意動了，當場就同意簽約。

就這樣，經由我發自內心的關懷，爭取到保險生涯中的第一個客戶！

大方向 2　用行動表明我的善意

前面提到我第一次接到案子的經過，現在我們來回顧一下其中的關鍵。很多人可能會說，這是爭取客戶，不算是求

援、接受幫助吧！

但坦白說，這位老闆即使認同了保險的觀念，還是完全可以不把案子給我接，而去找他更信賴的人。如果是這樣，我一點也沒轍的。那他為什麼當下就願意當我的客戶呢？

換個角度來看，他願意當我的客人，除了認同我的商品以外，更重要的是他也認同了我這個人，願意幫助我，讓我抽取保險佣金。這不是幫助我，什麼才是幫助我？

而他願意幫助我的關鍵自然就是，我用行動表達了我的善意。怎麼說呢？

比專業更重要的事

除了我在和老闆交談過程中主動出示證件、展現的誠懇語氣和專業知識，最重要的是，我都會先**站在老闆的立場為他著想**，比如說，我在確認他適合的商品前，詳細詢問了他店裡的經營情況、家庭狀況、收入情形……等等細節，當然，這都是老闆自己有意願透露給我的。

如果沒有相當的信任，怎肯隨意說出這些個人隱私！起先，我還以為是我的話感動了他，「老闆，保險是一輩子的事情，我們雖然今天才相識，但我是以服務人為使命，並且希望多多幫助人，這是我的人生目標。」

誰知道老闆聽了這段話，看了我一眼之後，和緩地說道：「年輕人，雖然我還沒決定要不要保，但店裡和家裡的狀況我都可以告訴你，只不過你知道我為什麼願意說嗎？」老闆看我一臉疑惑，又娓娓道來：「那是因為我在你身上看到我年輕時一個人來台北打拚的影子。你和我同樣努力，同

樣賣命，同樣懷抱夢想，卻多了一種友善和誠懇的態度，我知道你將來應該會有一番成就，再加上你剛剛說喜歡服務人，我更確定我沒看錯人。」

老闆這番話和我以為的大不相同，令人不禁臉紅，但他的勉勵著實讓我非常高興有人如此肯定自己。我想，應該是**我的行動展現的善意打動了老闆愛才、惜才的心**，令他願意幫助我這個初相識的小伙子。

之後，我的業績蒸蒸日上，最後成為公司最年輕的主管，這番話對我的激勵可說是功不可沒。

大方向 3　全心全意做公益

為什麼要做公益？自己和家庭都照顧不來了，再說吧！等我有能力時，才有辦法顧到其他人！

以上三種情形是我最常聽到在談及公益時的態度。我個人對公益的看法則是，這是一種「互助的精神」，這種精神不會因為個人條件和環境條件的改變而不一樣，它是人類生存、發展和壯大最基本的條件，我們應該隨時保有這種開創的精神，才能為社會和國家的壯大盡一份心力。唯有讓整體環境更好，我們個人才能全心全意發展事業、開展人生。

最大的受益者是自己

做公益就是「助人自助」的好事，應該隨時都要做，而且要一直做下去。對我來說，那是實踐人生意義的重要活動之一，當然也希望愈多人參與愈好。

這是我在保險業中看到每個客戶不同的狀況和需求，同

時致力發展人脈關係後所得到的體悟。再者,保險是以人為本的事業,是以照顧人為主的服務行業,我們服務人群可說是人生最大的幸福。因此我帶頭和公司所有同仁積極從事慈善,不論任何形式,都希望拋磚引玉,藉由這些行動,提升社會的道德觀、倫理觀及價值觀,也期待讓社會大眾找回敬業樂群的熱忱,建立祥和的社會氣氛。

這些都不是口號,「做,就對了」。

我的公益之路

二〇〇七年創立保經公司後,我的公益之路便分成教育與「張老師」基金會兩部分。完成北京大學EMBA的學業後,我一直擔任北大EMBA台灣校友會理事長,當時,透過一位校友牽線,我們探訪了新竹幾所偏鄉小學,看到學校沒有自來水可用,校舍及圖書館皆已老舊,便募集了一筆經費,幫助小學架設自來水管,並協助修繕校舍與圖書館。目前城鄉差距仍然很大,我們盡可能在健康與教育這兩部分來幫助偏鄉的學生。

這只是其中一個例子,我和大家分享這些,不是要炫耀個人的善行,而是希望分享「助人自助」的共好觀念,只有大家都好了,我們個人才能好,「覆巢之下無完卵」道理就是如此簡單。

試想,如果國家發展變差了,人民變窮了,「生吃都不夠了,哪還能曬乾?」大家都只顧填飽肚子,哪來的錢買保險,對吧!就是這個道理而已。各行各業都是如此,若沒有良好環境,民生凋敝,經濟怎麼還能發展呢?

唯有飲水思源，常懷感恩心，真心實意地去做，才能有好的結果。

我在本書還會繼續分享我自己和周遭朋友的案例，為的就是告訴大家，**這些成功人士成功的祕道，就是持續對人好，不斷地對人好，最終那個善果也會回到自己身上，幫助自己成功**，如此之外，別無他路。

這就是我投身公益四十年唯一的體會。我會一直走下去，直到生命盡頭，也會讓下一代、下兩代繼續接棒。

小細節 經常微笑、培養傾聽力、堅持到底

微笑、聆聽與堅持，是一個人能獲得別人信賴、成為人氣王的三大基本元素。

說穿了，這三點都只是善意的表現而已，因為人們無法在碰面瞬間就判斷出對方的意圖與好壞，如果我們能夠**主動微笑、展現願意聆聽的意圖，並且堅持底線，就能讓對方立即判斷出我們是什麼樣的人，也非常容易知道該如何應對，**這對雙方關係的發展大有裨益。

關於這個道理，我在尚未進入保險業之前就有大概的想法，經過保險業入門訓練的洗禮，又正式強化，內化成我的個人特質。

讓你無往不利的三大武器

話說在我退伍後謀職時，由於已打定主意要找業務工作，所以瀏覽報紙求職欄時，就只鎖定相關工作，其他都不予理會。一看到台灣英文雜誌社的職缺，我連履歷也沒寄，

就直接跑到人家公司去應徵了，也當下就被錄取。為什麼能這麼順利呢？

我自己分析起來，原因除了我很有膽識、不怕被拒絕以外，也應該跟維持微笑、聆聽與堅持這三項特質有關。我把握住「聽比說更重要」這個原則，並且「微笑、點頭、詢問為什麼」，因為這樣能顯示出我相當樂意傾聽對方的話語，非常重視對方接收到我的訊息時的反應，進而使對方願意進行更加深入地交談，也就是進入類似「談心」的階段，這是非常重要的學問。

當時，由於我是毛遂自薦，沒有事先預約，毫無意外地遭到對方由委婉轉而直接的拒絕。對此，我除了一路面帶微笑以外，還耐心聆聽對方拒卻的理由，而因為我已抱定不達目的誓不罷休的主意，不管如何，我就是溫柔而堅定地堅持著，最後，終於獲得主管破例面試。我乘勝追擊，鍥而不捨地以這三項武器持續進攻，並展現我的誠意與決心，終於打動了主管的心，成就了我第一份正式工作，從此展開四十餘年的業務生涯。

三分鐘贏得好感

兩、三年後，我轉戰保險業，由於接受過更為扎實的教育訓練，終於達到拜訪客戶時都不會怯場且能持續展現這三項特質的程度，還能將保險相關內容詳細地介紹給客戶，甚至能在與陌生人見面的三分鐘內，就取得對方初步的信任，讓對方願意坐下來認真聆聽我的說明，這些能力就是從每一次接觸磨練出來的。

3. 怎麼打造人脈・金脈迴圈？

人脈要經營沒錯，但如果能夠有效將人脈圈轉換成金脈圈，再利用擴大的金脈圈進一步擴大人脈圈，接著再轉換成更大範圍的金脈圈，如此周而復始，不斷在這兩個過程中有效循環，那何愁成功不來！幸福不來！

本文將進一步詳細說明相關技巧，不分年紀，都可以派上用場。

大方向 1 不能為金脈而人脈

人不能太現實，對任何事情都從功利為出發點，有利的事情才做，否則別人看在眼裡，自然認為你現實得不可信賴，怎麼可能還會想和你建立關係，加入你的人脈圈呢？

話說回來，我們建立人脈到底是為了什麼？為了錢？為了名聲？我認為單純就是為了「服務」而已。

服務本身既是方法也是目的，抱定「人生以服務為目的」這個宗旨，沒有特別目標，才是理想的人脈建立模式。對我而言，當我服務他人之後，內心是平靜的，是喜樂的，是愉悅的，那種成就感無法言喻，感到人生的圓滿莫過於此，這樣就夠了。接下來的事情，就順其自然讓它發生就行，不管好壞，都要承受，唯有服務人的精神永不改變。

當然，**服務也有必須堅守的原則：一是服務精神和有錢沒錢無關，只和要不要做有關；二是不能只顧著服務別人，卻忘記服務自己的家人和親友，尤其不能不管自己的妻小。**

無私付出，人脈隨之而來

以第一點來說，我在就讀東南工專的時候，一領悟到服務的精神，就組織了「幕覽之友聯誼社」，招攬一堆人在課餘一起聯誼，遊山玩水、增廣見聞之餘，自然而然也擴展了人脈。

由於我是發起人，是所有人的注目焦點，大家都依照我的命令行事，還因此培養了領導統御的基本想法及其他相關經驗。這段寶貴經歷讓我深深理解，要怎麼服務人是由自己決定，和金錢及其他事情都沒有關係，當我們決定開始服務人之後，這些東西都會因為我們的公益服務目的而自動聚攏過來。

我再舉三位好朋友的例子來加強說明。他們分別是華碩電腦個人電腦部執行長許先岳、華碩電腦服器總經理金慶柏，以及夏姿董事長王元宏，這三位好友在我擔任「張老師」基金會台北中心主任委員時，一知道基金會需要幫忙，都是二話不說就出手相挺，這樣的義氣實在令人感動。

記得有一次，許先岳聽到「張老師」基金會欠缺多台電腦，尤其是1980心理諮商專線的電腦老舊需要更換，就立刻答應捐助電腦，並另外再捐三十萬元；而金慶柏是先捐二十萬元後又捐了伺服器；至於王元宏，則是一聽到消息，就一馬當先，當場就捐出三十五萬元。他們這種雪中送炭的義舉，真是令人欽仰，讓我除了感佩還是感佩。當然，他們如此做也是基於對我的信任，因為他們都看到我的「服務精神」，也清楚「張老師」基金會確實在做公益服務，才會如此爽快，這種「互信」實在難得。

家人、親友永遠在服務名單中

至於第二點，以我來說，雖然因為工作忙碌，平時主要由太太照顧四個孩子，但遇到孩子要準備考試時，我就會提早回家關心他們的課業。每逢假日，我都會盡量陪伴孩子，讓他們感受到父親不僅認真賺錢養家，也努力參與孩子的成長。這一點是我對自己的要求，我認為把孩子照顧好是培養人脈的前提，只有先將家庭關係處理好，尤其是兒女教育，才有能力去照顧他人。

另外，在四個子女就學期間，我也是義無反顧地擔任家長會長，一路從孩子小學、國中當到高中。在這過程中，我自然能夠適時掌握孩子的學習環境與狀況。此外，因為家長會也有很多事情需要服務和幫忙，讓我從中認識很多人，進而結交更多的朋友，明顯地擴大了人脈圈。

總之，只要沒有「功利之心」，而是從公益與服務出發，誠心誠意地犧牲奉獻，這樣的無私作為，早晚會讓你累積足夠的吸引力且被他人認可，人脈圈就能夠穩固下來，到時，人家不管主動還是被動都會樂意幫助你，後面的事情就好辦了，你的名聲水漲船高當然指日可待；反之，「天下沒有白吃的午餐」，若你自己不願先付出，還想要有人幫助你，那無非是「緣木求魚」，癡心妄想罷了！

大方向 2　廣結善緣，金脈滾滾

很多人常常以為自己是「懷才不遇」的落魄才子，理想與夢想才無法實現，但往往忽略了人脈經營的重要性。這道理就像理財一樣，「你不理財，財也不會理你」，你不經營

人脈，人脈自然不會照顧你，才會導致在需要朋友的時候，沒有朋友伸出援手，但如果不會反求諸己，只知道埋怨，好運是不會降臨的。

金脈只是附屬品

當然，我們交朋友不會只是希望受到朋友照顧，而是希望彼此能在認知、觀念、想法都契合的基礎上，成為人生旅程上互相支援、援助和支持的好夥伴，這樣的朋友才是「以心換心」的交心好友。知交多了，加上你不計酬勞地服務他人，「日久見人心，路遙知馬力」，久而久之，對方也會在你有需要時回報你，人與人之間就是要這樣互相、互動與互愛，感情才能長久。

換句話說，**交朋友，知心是重點，金脈只是附屬品，我們處處為朋友，朋友當然也會處處為我們，能夠達到這樣的投合無間，才有把人脈轉金脈的可能性。**

很多人都說朋友還是老的好，要珍惜以前的朋友，沒事多互動，但客戶是老的和新的都好，新客戶久了也會變成老客戶。當你發現別人接近是帶有利用目的時，也不要拒絕，故意為對方所用。在自己能力所及的範圍內幫助別人，其實別人也會記住，未來有機會也會還你人情。

靠人脈重生的故事

話說九二一大地震的時候，家住豐原的小劉，一夜之間失去了店面和土地。店面成為廢墟，店裡的存貨一併報銷，土地也變形、被侵蝕，不幸中的大幸是家人都平安，問題只

有如何重新站起來就是了。

經過了一連串的協助救災與重建家園，等到局面差不多穩定下來之後，他才開始想到要如何重新開始。原本家境不錯的他，因為一場震災損失慘重，一家人只能暫時借住舅舅家，但這也不是長久之計，面對今非昔比的無奈狀況，他一時之間還真的慌了手腳！

這時候，他的大姨子對他說：「你之前做通訊業雖然做得不錯，但成本高，庫存多，週轉金又大，即使沒有遇到九二一大地震，發展性也未必有多好。不過你**做人成功，愛服務朋友，又交遊廣闊，大家也挺你，最適合來做保險。**」

聽她這樣一提，小劉頓時感到醍醐灌頂，覺得非常有道理。因為他個性很四海，很容易交朋友，從小就認識一堆人，完全沒在害羞的。像開通訊行時，他給客戶、朋友的服務從來不曾少過，留號碼、選號碼、辦手機、選機型……林林總總，不一而足。總之，朋友和客戶只要吩咐一聲，他一定辦得妥妥當當，大家沒有不稱讚的。更因為他的服務好，門庭若市不說，許多客戶到後來也都變成他的好朋友。

比方說，他結婚時席開八十桌，其中親戚坐了二十桌，其他六十桌都是朋友捧場的，可見他的人緣之好。所以經大姨子這樣一提點，他立刻慎重考慮起是否要進入保險業，而最終讓他決定投身保險業的最大關鍵，還是在於朋友們的反饋。

一開始，他只是和幾位朋友大略提到這個想法，沒想到每一個人都說好，尤其在經歷九二一這樣的重大災害後，所有人都見識到自然力量的可怕與無常的威力，而驚覺保險的

保障有多重要，對保險的需求大增，這時候投入正是剛好。

　　經過這些鼓勵後，小劉終於下定決心跳入這一行。當然，由於他的服務精神和熱忱眾所周知，以及過往累積的好人脈與好人緣，消息一出，幾乎所有朋友都跟他買保單，因為相信他的服務一定很好，更不會推薦不良商品。相當然耳，不用多久，他就財源廣進不說，還重新體會到自身的價值與幸福的真意。

　　你說，這樣的金脈是不是才是最穩固的「金飯碗」呢！

大方向 3　信任，帶來「金幸福」

　　「信任」說是人與人之間最重要的關係一點也不為過，但是我們到底要做到什麼程度，才能成為一個值得信任的人呢？或者說「信任感」到底如何而來呢？

　　前面我介紹了非常多種的方法，來增強主動與被動被協助的能力，然而這些方法能產生效果，最終還是要歸因於我們是否「受到信任」這個關鍵因素。

　　人與人之間的交往能否順利，說到底就是取決於「信任」兩字，有的話，一切好說；沒有的話，萬事皆休。只不過，信任建立非常之難，打破卻是非常容易，這是我們在經營人脈時，要特別注意的一點。

用誠意和決心博得信賴

　　我在政大EMBA的同班同學楊慰芬，是錸德文教基金會的執行長，長期為日照相關公益事業奉獻，對相關觀念的推廣不餘遺力，深受國內外的好評。然而當初她引進日本相關

先進的合作理念時，卻是屢受挫折，一波三折。

那時候，她和日方的社長多次磋商、談判，但總是不得要領，相關合作始終沒有進展。好不容易在多次反覆的E-mail來回後，她和日方說：「合不合作沒有關係，但期望您們能來台灣看一下後再作決定。」經她如此說服，日方終於願意來台灣看看基金會的相關軟硬體和環境。

不過這位日本社長的態度倒是很一致，到了台灣下飛機時，都還是一直強調不會和海外合作。沒想到等他實際走過一遍之後，卻被楊小姐的誠意和台灣團隊的熱忱，以及相關的投入與資源，給深深打動了，最終改變了原先的想法而答應了合作案。

針對這個經驗，楊慰芬總結說：「我們之所以鍥而不捨地反覆來回磋商，就是想讓對方感受到我們的誠意和決心，讓對方知道我們會確實用心地傳承他們的理念與想法。透過這樣的努力，當對方有一點點心動的時候，就會了解並切實體會到我們的確是一個值得信賴的團隊與夥伴，如此一來，合作氣氛就會建立起來，『信任感』就跑出來了，當然就會找我們合作了。」

溫柔的堅持最難抗拒

順帶一提，從我純然客觀的觀點看來，楊慰芬這位好同學是真正的人氣王，難怪日方社長來到台灣和她深談後，就對她及團隊展現出來的細膩和「溫柔的堅持」大為折服，不僅毫無被侵犯感，還覺得非常舒服、親切，進而被感動後，合作也就是順理成章的事情了。楊慰芬的這種特質和魅力，

正是她人脈經營的獨家方法，著實令人欽佩。

 ## 引發他人心中的渴望

在經營人脈的過程中，在各種因緣際會的牽引之下，一定會有不同的機會出現，很可惜的是，往往會因為諸多無法掌握的原因而徒留遺憾。根據我們的經驗，這當中絕大部分是由於缺乏一個「激發渴望」的動機。

不管主動、被動，對於人或提供的機會與產品等，因為誤解或想法不同等原因，而無法引起共鳴，以至於錯失了彼此合作的機會，都是最可惜的事情。追根究柢，這還是跟我們自己夠不夠好有關，如果我們的存在已經獲得巨大認同，那對他人的吸引力自然就足夠，就能夠引起廣大的迴響和信任，換句話說，**當對方的「渴望」愈大，他提供幫助的意願愈高，雙方的合作才愈能水到渠成**，產品和機會也是這樣，這點非常重要。

用最好的自己引發渴望

關於這方面，當初引導台中的大新入行的夥伴做得非常好，讓大新十分佩服，於是特地和我們分享這段經歷。那時候，他已經是經驗非常豐富的大廚了，但經濟上的壓力依舊非常龐大，所以動了離職和轉職的念頭，卻又陷入不知該如何走下一步的窘境。

一位已經離職、曾經在他麾下稱他「師父」的徒弟小侯聽聞此事，就跑來拜訪他了。大新其實非常納悶，他和小侯兩人雖然交好，但也有好一陣子沒聯絡了，突然跑來找他到

底意欲為何？

師徒久別重逢，大新卻被小侯嚇了一大跳，因為小侯開的車比以前等級高了好幾個檔次。「不可能！他該不會是去搶的吧！」大新說他當時心裡既驚訝又驚嘆，因為根據他的印象，小侯不是華而不實的人。小侯光是駕駛名車，就已經讓大新相當震撼，對他接下來要說的話，產生了無比加分的作用。

在得知小侯非常努力在保險業闖出一片天後，大新心中的疑慮終於消除了，但對於他的入行建議還是非常猶豫。已非吳下阿蒙的小侯一眼就看穿了大新心中所想，於是提議讓大新選一個雙方共同的好友，兩人一起去拜訪對方，由小侯主講，如果順利成交的話，傭金就算大新的。

聽到這話的大新，即使相信小侯的誠意，仍對成功率感到懷疑。因為小侯雖然不油嘴滑舌，印象中也沒到能言善道的地步，兩人沒碰面的時間不算短，但他對小侯是否在這段時間裡就改頭換面多少有點懷疑，有點無法相信小侯能說服那位朋友。然而看到小侯堅定和充滿信心的眼神，他也就半信半疑地答應了。

三人相談甚歡，小侯果真不太能言善道，他還是原來那個小侯，但出乎大新意料之外的是，小侯讓人感覺更有誠意了，他成了一個性格沉穩的人，給人的信任感直線上升，所以雙方共同的好朋友竟然沒多考慮，就答應簽約了，甚至還願意再介紹其他人參加保險。

更令大新震撼的是，當兩人出了朋友的家，一上車後，小侯馬上拿出朋友繳的第一期好幾萬的保費，數好幾張挑出

來給大新，說：「老大，這是你的傭金，同時，這也是你第一筆談成的保險喔！恭喜！」拿著這相當於原來半個月薪水的第一筆傭金，大新一下子愣住了，嘴巴張得老大，一句話也說不出來。

直到小侯離開，大新心中的滔天巨浪依舊無法平息，因為他心中已被徹底激起巨大的渴望，**他已經從小侯這個人和保險這一系列的產品，看到一個相當成功的「商業模式」**，這才是他最心動的地方。

回家後，大新終於被這個無法取代的渴望征服了，決定和老婆開誠布公地好好商談一番，希望老婆給他三年的時間走看看保險這條路，並獲得了老婆的首肯，也才有了今天的成績。

從這個例子，我們可以很明顯地感受到，小侯用行動和真實的說服術，演繹了一個出色的自己和產品，在人脈圈裡**所能夠引起的效果是多麼強大和驚人！**提供給大家參考。

4. 自身經驗：「張老師」基金會

說到我自己的公益推廣經驗，和救國團「張老師」基金會的緣分是相當長遠的。

年輕時的我喜歡辦活動，所以一直是救國團的義工，一晃也三、四十年了，現在又是「張老師」基金會台北主任委員，和救國團淵源深厚。「張老師」基金會有眾所周知的「1980」（依舊幫您）這二十四小時電話諮詢專線服務，幫助生活遇到困擾或心理面需要諮詢與協助的人。有些個案透過電話諮商無法得到解決，必要時也會安排面對面的諮商。

由此我們發現社會上需要協助的人非常多，有為人際壓力所苦的、經濟困難的、夫妻失和的、為孩子教育問題煩惱的、單親家庭孩子變壞的、工作不順的⋯⋯各式各樣的問題在社會中層出不窮，因此我們的義務「張老師」（義張）遍布全省，每天有接不完的電話，非常忙碌。

出錢出力，甘之如飴

我們每年都會協助「張老師」基金會募款或舉辦活動。基金會有許多義工，但每年仍有基本的人事行政、業務活動費用等支出，經費來源部分由救國團補助，其餘就必須藉由向企業募款，或基金會設法承接政府委託辦理的案子來籌措經費。

每年度，我們的募款需求約在四百萬至五百萬元之譜，我擔任基金會主委時，盡量透過企業界募集資金，有時順利，有時也會遇到原本答應贊助的企業臨時又抽掉資金的狀況，甚至原本說好的捐款，最後都沒聲沒息地石沈大海。

近年來，「張老師」基金會的募款比以前困難許多，募款金額甚至比以前少了九成之多，例如：過去可以募到一百萬元，現在大概只能募到十萬元左右。

即使面對企業臨時抽掉贊助的情況，我們也不會因此失望，甚至想到基金會有那麼多默默付出的義工，他們不求回報、無私無悔地貢獻專業與心力，就十分感動，更激勵我們努力想方設法尋求金援。以我本身來說，除了出錢，也出力實際投入，有時還會擔任基金會的講師，募款活動自然由我帶頭開始。

讓弱勢不再流淚

二〇一八年時，我們在信義新光三越的香堤大道辦了一場募款活動，邀請藝人表演助陣，我個人的公司當然也是該活動的贊助商和協助者。這個募款活動除了有藝人表演之外，為了營造趣味性，還設計一連串的遊戲讓來賓參與，工作人員要從旁協助，幫忙來賓了解遊戲規則和進行遊戲。

那是一個炎熱的夏季午後，同仁從中午忙到晚上，忙得汗流浹背，都快累垮了。一整天下來，雖感疲憊，但吸引了上萬人觀看，還有許多參與者共襄盛舉，心中仍感到欣慰，再想到我們流的汗可以讓許多人不再流淚，就覺得這一切辛苦都值得了。

不過偶有來參加活動的民眾會向我們拗獎品，這點讓主辦單位有點頭痛，因為這些物資都是主辦單位好不容易募來的。未來，我們希望可以透過提供文宣品或教育宣導，告知大眾基金會的任務與工作內容，來獲得社會的支持。

照亮更多黑暗角落

經由這樣的活動，我們看到許多社會問題。「張老師」基金會都會**定期拜訪寄養家庭**，關心那些曾經在原生家庭被父母不當管教或家暴的孩子，並會讓原生家庭父母與輔導員一起去寄養家庭關心自己的孩子。此外，我們也**受市府委託辦理台北東區少年服務中心**，針對國、高中曾因各種因素被管訓過的孩子進行輔導，定期舉辦活動，並帶領孩子參加。

這幾年下來，我們發現，過去我們的公益行動有很多都是救急不救窮，即使協助解決了眼前的問題，但是後續仍有許多填補不完的大黑洞。有鑑於此，我們開始思考事先預防的重要，希望趁著事件仍在醞釀中、還沒有真正造成大問題前，先輔導解決，將問題導向正面發展。

男人心事我來聽

我們也意識到過去社會對於女性的關注較多，但是男性在身心靈上需要被關懷的程度其實與女性一樣，甚至有過之而無不及，於是便成立了一個**專門關心男性身心靈的組織「台北城男舊事心繹站」**。我們每個月定期舉辦活動、講座，有興趣的男性朋友可以透過「張老師」基金會自由報名參加。

會來參加活動的男性，不少是工作事業表現傑出的，卻在人際互動上感到茫然，不知道如何與另一半相處而產生家庭危機的也大有人在；也有一些學有專精的人士，因為人際關係出問題，而導致失業，從此受到憂鬱之苦，甚至演變成家暴男的也有。我們希望透過活動的帶領及講座的功能，讓這些鬱鬱寡歡的男性能得到理解、紓解壓力，以及感受到社會的溫暖，而能重新建立自信，找回原來陽光健康的自己。

邀請你加入行列

「張老師」基金會目前所從事的公益項目面向很多，處理的問題也很複雜，需要的經費與人手每年都不足，行政人員都要想辦法去接政府的案子，而我則盡量去找企業資金，另外就是靠社會大眾的捐款。在資源這麼有限下，幸好有很多無怨無悔的義工加入，服務年資超過十年以上的比比皆是，他們不拿一毛錢、不求回報地奉獻，令人深感佩服。

接下來，我們除了會繼續任勞任怨地為基金會相關事務效力之外，更希望召集更多企業、機關和團體，一起來做公益，關注更多需要幫助的弱勢，教他們釣魚，而非一直給他們魚吃，點化群眾，營造進步的環境，讓這些弱勢的孩子、長輩和生活困頓的人，都能握住我們伸出的援手，最終不只站起來，還能搖身一變，成為助人者。

如此一來，社會才會更穩健、快速、永續地進步，而這正是我們從事公益事業最終的目的。

表一：民國108、109年台北「張老師」中心委員名單

序號	姓名	職稱	序號	姓名	職稱
1	廖學茂	主任委員	28	鍾坤志	輔導委員
2	王元宏	輔導委員	29	馬立生	輔導委員
3	金慶柏	輔導委員	30	王玲珉	輔導委員
4	蔡易潔	輔導委員	31	蔡錕銘	副主任委員
5	許先越	輔導委員	32	陳一軍	輔導委員
6	康景泰	輔導委員	33	劉勇志	輔導委員
7	黃增添	輔導委員	34	嚴德芬	輔導委員
8	黃勇義	輔導委員	35	陳怡伶	輔導委員
9	林守義	輔導委員	36	莊中慶	輔導委員
10	卜詩霖	輔導委員	37	林仲曦	輔導委員
11	曾國禓	輔導委員	38	張浣芸	輔導委員
12	楊慰芬	輔導委員	39	陳景彥	輔導委員
13	李清吟	輔導委員	40	張朝凱	輔導委員
14	陳德川	輔導委員	41	余建興	輔導委員
15	張瀞心	輔導委員	42	黃惠惠	副主任委員
16	林春貴	輔導委員	43	張藝騰	輔導委員
17	黃鵬諦	輔導委員	44	陳明終	輔導委員
18	謝文宜	輔導委員	45	彭淑華	輔導委員
19	呂連凱	輔導委員	46	鄭桂林	輔導委員
20	徐忠胤	輔導委員	47	郭璨灩	輔導委員
21	林言良	輔導委員	48	張本聖	輔導委員
22	陳淑芬	輔導委員	49	林彩媚	輔導委員
23	王建曄	輔導委員			
24	林建華	輔導委員			
25	胡童光	輔導委員			
26	王　琳	輔導委員			
27	李桂雲	輔導委員			

Part 2

二十幾歲的人脈金庫術：
學生和社會新鮮人人脈的
布建

依據一般人社會網絡的發展情況，從二十歲開始，就應該進入人脈經營的階段了，一直到三十歲這十年之間，可說是人生事業的開展期和奠基期，人脈經營的打底和鋪墊工作非常重要。

因此 Part 2 會針對這個階段年輕人的人脈建立和經營，詳實說明應該注意的各項環節和各種細節，讓大家知所遵守。當然，其他年齡層的讀者若有相關問題，還是可以參考與遵循的。

1. 二十幾歲人脈的特點

這個年齡層的年輕人大部分都是既沒經驗又沒資金,對人生和未來感到茫然的居多,以往只能單憑自己的摸索,在跌跌撞撞中一步步往前進,既費事又沒效率,最後達成目標的人少之又少。

為了幫助年輕人不再吃這樣的苦頭,在此,我歸納出幾項這個階段人脈的特點和經營訣竅,給大家的人脈「把脈」,讓準備離開單純的校園、初入社會的二十世代在經營和建立人脈上有方法可循,少走冤枉路。

大方向 1 不功利,從服務的心出發

前面提到擁有正確的三觀很重要,對年輕人來說尤其是,因此我特別把「不功利,從服務的心出發」排在第一點,提醒二十歲出頭的年輕朋友們,唯有保持這種積極、樂觀的心態,才有可能讓自己的人脈經營愈來愈好,朝成功之路邁進。

同時還要提醒年輕人一點,成功,不只是錢愈賺愈多而已,除了要有正確的三觀以外,還要持續服務才行。最終,「影響力」才是定義一個人成功與否最大的關鍵。

從服務累積影響力

舉例來說,愛因斯坦、亨利‧福特和小羅斯福總統三人都是二十世紀中葉以前的偉大人物。愛因斯坦的天體物理學

影響了全球科學界和宇宙觀的走向，他更因為解釋了光電效應，成為諾貝爾物理獎的得主。亨利・福特則是福特汽車創辦人，曾擁有全世界規模最大的汽車廠，財富和對世界經濟的影響力無庸置疑。至於在第二次世界大戰領導同盟國對抗軸心國的美國總統小羅斯福，自然是眾人景仰的政治領袖。

這三個人誰最偉大、最成功？大家可以從不同角度去思考和感受，不過很明顯的是，他們的偉大和財富的關係很小，而是與影響力有關，這點值得大家深思。

回到人脈經營這上面，一個不計較、愛服務的人，和一個自私自利、有事才求援、平常卻是「老死不相往來」的人，你會幫助哪一個人？我想，每個人的答案應該都一樣。

做別人生命中的貴人

話說高雄的小劉才三十歲不到，就因為早婚而有了三個小孩，而且還是單親爸爸，必須獨力扶養孩子。在這種龐大的經濟壓力之下，他卻完全沒有喪失信心，經過朋友介紹開始了業務生涯，並且取得了不錯的成績。

他說：「因為我有過這樣的經歷，所以比別人更清楚成功沒有捷徑，也更理解自助助人的道理，再加上經過公司『以人為本』的教育訓練，我掌握了怎麼服務他人的各種細節，更懂得如何與人相處，這對我的人脈經營，有著無比深遠的影響，使我徹底變得喜歡服務、愛服務人，成為一個全新的自己。可以說我現在能夠有這樣小小的成果，都要感謝公司的栽培。」

也就是有這樣服務的心，讓他在一家超商中遇到了和自

己緣分最深的客戶與一輩子的朋友——邱大哥。那時,他才入行受完訓練沒多久,但因為人有禮貌、個性真誠又喜歡結交朋友,所以和公司附近的店家都混得挺熟,超商店員有什麼消息也會和他分享,大家自然就成了朋友。

有一天,小劉一進超商,店員就立刻和他說有個常客似乎遇到了困難,正在悶悶不樂,他二話不說就馬上要店員介紹一下。這位常客便是邱大哥,他聽了店員的介紹,看了一眼小劉的名片,雖然放下了對陌生人的戒心,但顯然是心事重重,並沒有心情搭理。

小劉自然不會介意,馬上很真誠地說:「邱大哥,如果有什麼問題是我可以幫忙的,請儘管說,我一定盡力而為。」這位邱先生不以為然地回道:「你想賺我的傭金,自然要很賣力囉!」

小劉一聽此語,仍面帶微笑道:「邱大哥,您言重了,相逢自是有緣,先不說我的行業,光是我們可以在這裡遇到就是一種緣分了,能夠協助您也是我的榮幸。」

聽到此話,邱先生有點驚異地看著小劉,沒想到他年紀輕輕卻有如此成熟且正確的心態。

「邱大哥,人生問題百百種,我雖然年輕,或許有些人生經驗不足的地方,不過我接受的訓練,搞不好可以對你目前的困境有些許幫助。如果可以,給我一個機會讓我知道您的狀況,也能夠對您有助益,那不是很好嗎?就算我真的幫不上忙,您就當隨便找一個人發洩一番,多少會讓心情好一些,是不是?」

邱先生終於被小劉的善解人意給打動了,先是嘆了一口

氣，才娓娓道出他遭遇到的事情。後來，在小劉的幫助下，他逐漸從困境中走出來，實在替他感到高興。

大方向 2 抓住每一個幫助別人的機會

說到這裡，我不得不說，經過四、五十年的職涯和累積的人生經驗，我發現世間萬事萬物都有著千絲萬縷無法說清楚、道明白的因果關係，所以平時就該多多思考自己有什麼能為人利用的價值，這點很重要。如果**想要擁有人脈，自己就必須先付出時間與金錢**。

所謂「有捨才有得」，在付出時不要斤斤計較，不要一直去衡量自己的付出是否獲得相對的回饋，過度的算計只會讓自己變得辛苦。你永遠不知道現在的付出，未來會以怎麼樣的形式回到自己身上。一時舉手之勞般的付出，在他人心中都會留下印象，有機會也會多說你的好話，聽到他人對你閒言閒語，甚至會替你反駁、幫你背書。

不計較付出，換得口碑行銷

「人在做，天在看」這句俗話對小劉來說，可說一針見血地形容了他的情形。自從在超商認識了邱大哥，小劉才知道他的情形實在是複雜，難怪他認為小劉一個年輕人是無法幫到他的。小劉卻是一無所懼，因為他知道人脈經營不是一朝一夕可以有成果的，而且他也是真心和邱大哥做朋友，朋友有難自然要出手相助才行。

於是他花了好幾年的時間，一件一件協助邱先生解決。一開始是和保險相關的問題，小劉花了將近一年的時間，才

讓他拿到了差不多兩千萬的理賠。這讓邱先生特別感激，誰想得到原本以為沒有希望的事情，竟然在小劉這個年輕人的協助下達成了！他的驚喜和感激自不待言，更是把小劉當恩人看待，自然也介紹了好多朋友給小劉，小劉的人脈圈自然快速地擴大了不少。

接著，邱先生又因父親過世後的遺產問題困擾不已，小劉一樣當仁不讓地協助了邱先生和他母親。因為邱媽媽長期處於需要照護的狀態，所以小劉必須幫忙邱大哥申請對媽媽的監護宣告，才能代替母親，與遠親進行遺產的官司（代位求償），整個過程中的每一個環節，都需要相當多的心力及專業才能處理妥當。幸好最後全都圓滿解決，讓邱大哥和邱媽媽順利保護了爸爸的遺產不被外人搶奪。

最後，邱先生連房子都是靠小劉的關係才建好的，這還真是令人意外了。邱先生退休之後，想要自建自住的房子，但整個過程卻是一波三折。他先是被營造廠商騙錢捲款，接著又是工人偷工減料，把整個工地弄得亂七八糟，完工看來是遙遙無期了。小劉一知道這種情形，馬上就介紹他的客戶陸小姐給邱先生。陸小姐經營一家信譽卓著的營造工程行，她本是熱心助人之人，更何況這還是自己的本業，便立即接手邱先生的房子興建工程。整個過程雙方都合作得非常愉快，房子最後不僅如期完工，品質和裝潢等各方面都還讓邱先生大為滿意。

我知道整個情形之後，忍不住對小劉說：「看起來邱先生如果沒有認識你，這輩子肯定很多事情都不順利也做不成咧！哈哈！」說得小劉臉都紅到耳根了！

　　總之，從這些案例看來，小劉好像一直在幫助邱先生，其實小劉在有形無形中獲得的回饋和好處，早已經超越了金錢的層次，比如說，邱先生介紹了其他客人給他，陸小姐也因為他的介紹多了一個客戶，其他方面不只會幫他宣傳、推薦，肯定還會再介紹更多人脈給他。

　　所以小劉沒有浪費任何一個可以幫助人的機會，主動而長久地持續付出，最終，好的結果還是回到了自己身上，這就是「口碑傳播」的威力。年輕人一定要好好學習才是。

大方向 3 讓人「就是喜歡你」

　　前面提到讓人喜歡的因素包括主動和被動兩大原因，不管是哪一個原因，重點都還是回歸到「喜歡你」這個最終目的上。

　　喜歡是一種感覺，是「感性」而非「理性」的。喜歡就是喜歡，不喜歡就是不喜歡，而年輕人要得人疼，最重要的除了先天因素以外，後天因素中最重要的還是「**不輕浮**」三個字。

EQ愈高，愈有魅力

　　怎麼說呢？人與人是藉由談話和行為等各種互動來了解對方的，由此透露出的訊息就能顯示出一個人的特質。人在二十～三十歲這個階段時，雖然身體還處於成長晚期，卻已是人生發展的早期，身體的發展已經成熟了，但是心智成熟度還有待開發。人脈發展和心智成熟度是密切關聯的，通常是心智愈成熟，人脈的發展也會愈好。

簡單講就是，**EQ（情商）愈好，人脈圈自然愈大**。換句話說，魅力也是需要培養的，即使先天就是魅力十足的人，如果後天沒有好好維持，魅力依然會逐漸消失的。

可是一般這個年紀的年輕人因為人生經驗不夠，表現通常也比較生澀，這時候若想發展個人魅力，就必須遵循以下提到的技巧，多吸收，多轉化，最終才會內化成自己的東西，讓獨特的自己成型，這也算是潛能開發的一種。這一點，不論是即將出社會還是剛出社會的新鮮人，都要謹記在心。

專長，讓你形象大升級

好事貴精不貴多，因此我們只要有一項專精的事情可以令人難忘，**在魅力上就能夠大大加分**，讓人留下深刻的印象了。

如上文提到的高雄小劉，他不僅只會跑業務而已，他最讓人驚嘆不已的是精湛的廚藝。每當有需要的時候，他就會秀出這一項絕活，每每讓眾人驚艷、驚嘆和佩服。一道甜點、蛋糕、飲料，或是一道小菜，都是他征服眾人味蕾的絕招。讓他堪稱味道魔術師的廚藝，與那絕對看不出擅長做菜的外形，反差極大，在在令人感到意外，而產生特別強烈的感受，魅力也跟著成功升級了，那受人喜歡也是必然之事了。所以要讓人喜歡你，其實沒有那麼困難，只是需要一點訣竅。二十幾歲的你，趕快找到自己的專長或培養一項絕活吧！肯定來得及的。

千萬別著急，方向正確最重要

人脈經營是一輩子的事情，但絕大多數的年輕人都不理解這句話真正的意義，短視近利，忘記了「**該怎麼收穫就要怎麼栽**」這個簡單而基本的道理。

儘早選對方向，別得過且過

以我自己來說，在兒子快出生時，我已經從雜誌業務轉到保險業了。在雜誌社工作不到兩年的我，雖然被拔擢為經理，可是眼看公司裁掉一個已經擔任經理快十年的同事，敲響了我心中的警鐘，很擔心未來就算做得再好，也會有被裁員的一天。

我開始思考，有沒有什麼工作可以不受別人影響，努力或成敗可以全部掌握在自己手裡的？我心想雜誌社賣的是資訊，我想找一個有溫度、可以關心人又可以兼顧賺錢的工作，同時可以累積人脈、資源與客戶，是可以做一輩子的工作。想來想去，我覺得保險是一個不錯的行業，就這樣我轉換跑道，開始做起保險業務。

凡事起頭難，好日子總會來

我的人生，大概在二十三歲到二十八歲這段期間最為辛苦。我剛開始做保險時，年輕又沒人脈，客戶難以信任，自己的判斷力又不足，因此經常賣不出保單，業績總是掛零，收入當然很慘澹。那時，生活壓力讓我覺得好像快要爆發心臟病了，但我從不抱怨，和太太商量，想辦法向朋友借錢周

轉。後來，我的業務逐漸有了起色，但領的薪水幾乎都拿去還債。

在那段期間，我的第二個兒子也出生了，然而面對生活的困境，我好像從來沒有害怕過，心裡總是有個信念——我一定會撐過去。而且，在我生活最窮困的時候，也從不感到絕望，不因此退縮，每天該做什麼就做什麼，讓生活一直往前進。向朋友借錢，我會把利息算得清清楚楚，賺到錢的時候，就一分不差地還給朋友，不欠人情，是我做人的原則之一。

二十九歲以後，我的事業開始漸入佳境。當孩子四歲大、即將進入就學階段的時候，我考慮到以後孩子的教育環境，希望他們將來更具競爭力，便效法孟母三遷精神，開始計劃把居住地點從內湖換到市中心。往都市的中心移動，給我的人生帶來另一次重大轉變。

吃得了苦，才能熬出頭

從我自己的例子就可以看出，二十～三十歲的人脈經營首重培養對人脈的累積能力，除了付出還是付出，除了忍耐還是忍耐。總之，「只問耕耘不問收穫」就對了，即使有所謂的「收穫」，都只是令人可繼續生存下去的基本資源，不要認為那些可讓你高枕無憂，否則一旦這些「燃料」用盡，更上層樓就變成空中樓閣一般的幻影而已了。

只有撐過這個最殘酷的階段，你才有可能慢慢走出人脈摸索期，讓自己的人脈圈穩定下來。

2. 建立自己的人脈圈

萬事起頭難，二十出頭的時候，人脈發展基本上就像剛種下的新樹，沒有枝繁葉茂的繁榮景象，只有無枝無葉的尷尬，但無論如何，根已經扎下去了，只等待時間孕育，才能開花結果。

這個時候要注意的是，要勤快地澆灌、照料，然後就是耐心等待。本文會教大家一些基本功，好好地做，成果自然來，勉強不得。

大方向 1　勤做人脈日記，一點一滴打造人脈圈

很多人都會寫日記，但是寫人脈日記的人應該就少之又少，因為這往往被認為沒有那麼重要，而這又主要是因為很多人都忽略了人脈管理和它的實際功用，以至於「書到用時方恨少」，人脈要用到時才發現沒有人脈可用，平常不經營和管理，自然就找不到人幫忙。

從這裡可以看出「人脈日記」最主要的功能就是進行人脈管理，把無效的人脈去除，留下有用的或預期有用的，好好加以經營和管理，等到需要的時候才不會「沒半步」。

人脈日記的重點內容

人脈日記的內容可以千變萬化，想記什麼就記什麼，但只有一個原則要遵守，那就是人脈經營的對象要是可以互相認可、互相提升的，所以不必記錄說了什麼話、做了什麼事

情等很浮面的東西，這些在名片管理中處理即可。

　　人脈日記要記錄的是自己和對方會面當下及接下來的時間中，你對對方的觀察心得和感想，也就是「**如何定位這個人**」才是應該記錄的重點。因為人都有第六感，兩個人第一次碰面時所發生的能量交換，其實就注定了往後的交往模式。換句話說，在那個當下，你的內心就已知道對方可歸類到哪一類朋友裡面，記錄這類資訊的人脈日記才有價值。

記錄人脈日記的目的

　　以我個人來說，在確認要進入保險業，並受過完整的教育訓練之後，我知道在這個以人為本的行業中，人脈的經營是最重要的，於是就開始了人脈日記的計畫。

　　寫人脈日記的主要目的，在於可幫我們進一步思考**要從哪些部分持續付出關懷，才是符合對方的需求**。唯有真誠地關心，並以善意出發，才能讓對方正確獲得我們的善意。如此一來一往之間，就能產生善循環的效果，發揮加乘價值，並且讓自己與對方的善意一直往上累積，使得人脈經營愈來愈好，進而在每一個關鍵時刻得到有力的援助，因為只要你持續付出，有朝一日，你一定會收到回饋。

　　這是我從寫了這麼多年的人脈日記所歸納的結果，提供大家參考。

大方向 2　人脈望遠鏡：真誠的讚美，讓人偉大

　　人在二十幾歲的時候，對未來充滿了希望，卻像是在霧中行走，能見範圍有限，因此會有憧憬卻也會不安，人脈

經營也是。因為一片空白,所以前景大好,卻也不知道如何著手。因此請大家從自己來思考即可,也就是「以己度人,替人著想」。

想想看,你希望如何被對待?應該會想要受人重視、認識、甚至找出獨特的自己吧!所以你的人脈經營哲學自然也要如此。**真誠地讚美對方,同時讓人感到獨特**,就是你應該做到的要點之一。

請記住,讚美有幾個重點:一是要注意自己的肢體語言;二是要找出對方的獨特性;三是要畫龍點睛,以下為大家作進一步的說明。

肢體語言

讚美不限於言語,肢體語言也能表達讚賞,尤其是雙方或大家在交談時,你可藉由肢體語言,來表示對對方的讚美。年輕人很容易疏忽這一點,要記下來,並刻意練習多次,熟練了對自身的人脈經營有諸多有形無形的好處。

我政大EMBA的同學、鍊德文教基金會的執行長楊慰芬,她讚美人的方式就很別具一格。她的「不一樣」在於肢體語言會讓你感到非常誠懇,覺得她非常認同你的作為,這主要是由她的眼神透露出來的,再加上不高不低的聲音所營造的獨特「認同語調」。

對大多數人而言,這種方式的養成應該要很久,也不見得做得來。不過有幾件事情一定可以做到,那就是**眼神不要離開說話者**,還有**不要看手機**這兩件事情。

這兩件事情除了能表現出你對說話者的尊重以外,更重

要的是，還能顯現出對說話者說話內容的興趣。這兩點非常重要，也絕對可以現學現賣。還有一點，就是要注意**贊同對方時發出的讚嘆語**，從只是「嗯嗯」到以下的詞彙，意義就非常不同：

「是的是的！」

「對對！沒錯！」

「我的天啊！怎麼會是這樣子！」

「真令人想不到！居然會有這樣的問題。你不說，我還真沒想過。」

諸如此類的話語可以多多發展，令你與談話者感到非常有成就感，這對人脈發展也會有諸多幫助。

找出獨特性

每個人來自不同的背景，有著個人專屬的際遇，肯定都會有自己獨特的一面，如果我們可以細細觀察出每個人與他人不一樣的地方，也就是屬於他的特點，**再經由適當的場合和地點做出適當的表示，突顯他的與眾不同**，這樣的讚美就是最令人愉悅、最深得人心的。如果能做到這點，自然會人見人愛。

最常見的讚美就是稱讚一個人的外貌，我們很常聽到髮型好看、妝容精緻、打扮時尚……之類的形容，但是這樣的說法稍嫌空泛，當事人其實不會有太強烈的感覺，想要真正令對方高興，就必須提及對方的作為才是。

比如稱讚男生就可以說：「你的體格真好，你是怎麼鍛鍊的？應該要每天健身吧！能這樣自律很難得，要好好跟你

討教才是。」如果是女生，就可以說：「妳的美麗不只是有自信，還是優雅性格的展現。」從她的行為說起，才有獨一無二的味道。

此外，如何回應稱讚也很重要。

很多人、尤其是東方人，對於別人的稱讚都不知道該如何回應，其實這樣很不對，甚至是有點失禮的。**能夠機智幽默地回覆稱讚，也是拓展人脈很重要的一點。**

「謝謝」是對於稱讚最膚淺的回應，感覺就像給對話劃上句點一樣，沒辦法和對方來來回回一搭一唱，也很沒創意。比較有深度的回覆是「非常感謝你可以看到這一點，你真棒！」這個回答就不一樣了，不只向對方傳達了感謝，還反過來稱讚對方這個行為的高明，讓對方也被看見了，而且這樣的回話保持了「一搭一唱」的特性，讓對方可以回話，這樣你們就可以繼續聊下去了，是不是一個一舉兩得的好方式呢！

大方向 3 人脈放大鏡：人己親疏分清楚，相處注意細節

在二十到三十歲的人脈經營上有一項原則很重要，就是要「分清楚人己親疏」，依照關係遠近來互動，才會有禮又有理。這裡所謂的人己親疏不只是朋友和親戚這種關係的遠近而已，**「可望發展關係的程度」**才是重點，一般可以分為超強連結、強連結和弱連結等三個程度。

這裡要特別強調的是，在我們發展人脈圈時，前文提到的「三觀」相同才是選擇對象的核心條件喔！如果彼此的價值觀、人生觀和世界觀無法契合，對方不認同你或你不認同

對方，在這樣沒有真心誠意的情形下，還想拓展人脈關係就不對了，有欺騙的成分在裡面的話，那就更不行了。

唯有誠心誠意的，你所拓展的關係才會長久而堅固，這個基準點請一定要注意，否則對方自然也會感受到你在利用他，是絕對無法建立穩固交情的。

超強連結

這是人脈拓展上最需要注意和發展的連結，因為這些超強連結者本身就是樞紐，也就是「節點」，他們正是你擴大和深耕人脈最需要的助力和動力。超強連結者除了**至親和摯友**這兩類原本就會無限支持你的人之外，最重要的還有**願意給你建議卻沒那麼熟悉的人士**。這樣的人不用多，只要三到五位就非常足夠。

這樣的人士必須具備幾個條件：**一是有專業，二是有資歷，三是公正客觀**。他們本身最好不只學有所長，更要能在自己的領域獨領風騷，唯有如此，給你的幫助和支持才會有顯著效果。而最後一點的公正客觀其實最重要，因為客觀的話，表示和你的利益關係不大，不會因為你的決定而增加或損害他的利益，否則他的提議肯定不夠公正允當，還可能於你有害。

對於三十歲以前的你來說，拓展人脈時能找到這樣的「智囊團」是最棒的。當然，至親好友中有這樣的人士最理想，但從這兩類人為圓心發展出來的是最保險而有效的，比方說，遠房親戚、好友的朋友、師長的朋友……等等，因為這樣的轉介包含了「信賴」在內。

對你來說，親友和長輩介紹的人已經由他們的過濾，自

然比較值得信任。對於他們來說，也正因為「信賴」你、對你有信心，才會答應將自己人脈圈中的人轉給你，畢竟若你不是對的人，對他們的人脈圈也會造成很大的傷害，這麼做是有風險的。

這部分的拓展對三十歲以前的人非常重要，一旦能夠建立這樣的雛形，對自己的幫助將是非常巨大的，因此如果有人願意為你介紹，一定要把握住。

當然，偶然認識的人也有可能成為至交，不過機率比較低就是了。若沒有這樣的幸運也無妨，只要根據本書的指引，就能學會判斷，而逐漸建構出屬於自己的人脈網絡了。

強連結

強連結通常指**理解你的人**，和這類人交情或許不深，甚至「君子之交淡如水」也無所謂，但這樣的人值得持續耕耘和維繫關係，「可望發展關係的程度」是強的，只要有一些事件或動機發生，就有機會強化彼此的關係。

以我們保險業界來說，只要能夠持續，等時間夠久，總會遇到這樣的貴人。以前文提過的高雄小劉來說，他一路以服務為本，所以遇到了不少貴人，特別是那位經由超商陌生開發而來的客戶邱大哥。兩人由陌生到熟悉，小劉本著「人生以服務為目的」的初衷，不辭辛勞，來回奔波，在邱大哥充分的信任下，從一般保險的理賠，到他父親遺產的處理，甚至連房子的改建，小劉都參與了，也都不辱使命幫他處理圓滿了。在這樣的關係變化中，信任不斷疊加、鞏固，經過多年演進，就成了由強連結變超強連結的最好例證。

弱連結

和強連結相對的就是弱連結，最常見的就是「粉絲」了。弱連結不管多少，都會對人脈圈產生不同程度的影響。

由於自媒體和通訊軟體的發達，「粉絲」已變成人脈社交圈中愈來愈重要的一環，但依照聯繫度的強弱及發展性來說，它還是屬於「弱連結」。

大體上來說，粉絲這個部分當然要經營、要重視，但要使其成為人脈發展中的關鍵部分之前，得先了解以下幾個狀況：**一是粉絲認識你，但你未必認識對方；二是粉絲與你的互動是多對單而非單對單，充滿不確定性；三是過於熱情的粉絲對人脈擴展未必是好事。**

這樣分析下來我們可以說，粉絲的經營要保持在「有點黏又不會太黏」的狀態，剛剛好就好。自己的隱私和安全要顧好，但是應該展現的善意和互動又不能少，那條界線要恰好停在中間，這其中的拿捏難度就很大了。

總之，對於粉絲，要記得「水能載舟，亦能覆舟」，保持謹慎、樂觀的原則與方式最重要，才能在拓展人脈圈的同時，又能保持自己的隱私與安全，這個平衡務必把握住。關於這部分，下一個單元會再介紹相關細節。

人脈基金

問題來了，要怎麼維持和這些人的聯繫呢？

人脈經營除了要投入時間、心力，當然也要投入資金，這是非常重要且必要的投資，不要吝嗇，在我們年輕的時候就要建立這個觀念才行。以我自己來說，年輕時我就**以年薪**

的二十分之一做為人脈基金。會訂出這個比例，是因為我以「定期定額投資」的概念來看待人脈經營，而這四十幾年下來，我發現它的效益無限。此外，我還會呼籲身邊的朋友一起成立這個基金，有值得經營的共同人脈就會一起參與，讓人脈基金發揮最大的功能。

當然，這支人脈基金擴展到現在，功效已經幾乎變成無限大了，至於金額，因為自己能力的增加，累積下來也已非常驚人，我早已沒在計算了，金額和比例也都有陸續往上調整，從投資效益來看，世界上任何的投資都沒有比這更划算的了。

因此我誠心建議你也成立一支「人脈基金」，或許就是投入年薪的二十分之一，如果你的年薪是五十萬，就可以設定為兩萬五千元。這筆錢可以依照超強連結、強連結和弱連結等三個程度，按百分之五十、百分之三十五、百分之十五的比例細分成三份，意即分別是一萬兩千五百元、八千七百五十元、三千七百五十元。

這些金額其實都不是重點，你可以依照自己的能力增減，寫出來只是讓人有真實感，因為**金錢只是發動你維繫人脈的燃料之一，重點還是要行動才行**。既然都付出金錢了，自然會想要有所回報，所以行動就是了。以時間當作複利來看好了，隨著時間愈久，這個人脈網絡的發展絕對會以你想像不到的速度飛速前進。

 ## 充分運用新媒體，快速建立有效人脈圈

自媒體和通訊軟體的興盛，造成了「新媒體時代」的來

臨，伴隨而來的現象是，很多所謂的「網紅」和「知名部落客」成為新時代的媒體寵兒。

也就是說，這個能夠為自己發聲的年代開啟後，如何運用社群媒體來拓展人脈變得相當重要。對三十歲以下的年輕人來說，智慧型手機是如影隨行，臉書、Instagram等社群媒體是很基本的社交工具，根本不需要別人教授軟硬體的相關知識與技巧。也由於新媒體的無遠弗屆，針對超強連結、強連結和弱連結都可以做出不同程度的人脈拓展，這一點是以前的人脈拓展遠遠不及之處。

但也因為這樣，要懂得正確使用新媒體才能對人脈拓展有正面影響，因此它的使用原則就很重要了，這就是本單元要和大家說明的地方。我在這裡會告訴大家上傳訊息時的重要守則，只要能夠把握住，你的人脈圈就可穩健發展。

在自媒體發聲最重要的目的就是**對他人展現自我**。你上傳公開的照片和隻字片語，都代表你的想法、看法、做法。儘管絕大多數的內容都是轉發而來的，但只要經由你發布出去，其實都代表你的意見，這是其他人看你的時候最重要的切入點。換句話說，不管那些訊息的來源為何，**只要你轉發了，就是你給人家的「印象」了**，其他人也都會從這些訊息對你打分數喔！

這一點，大家使用社群軟體時一定要時時放在心上，不要沒經過大腦就亂發文、亂留言，否則對你的人脈拓展一點好處也沒有，甚至還有不良影響。順帶一提，我們在拓展人脈的時候一定**要有「同理心」**，也就是要能易地而處，從他人的角度，思考自己要做的事情是否恰當、會否侵犯他人，

這兩點相當關鍵。如果會，就不應該做，這樣你才會被認定是一個成熟的人，也才能為三十歲以前的人脈拓展奠定良好基礎。

話說現代人初次見面，除了交換名片，有時還需要互加LINE或微信等通訊軟體，甚至臉書、Instagram、部落格等，以便互通有無，或是理解對方，也能讓對方更了解自己。無論如何，這些都是推銷自己的模式，也讓現代人的人際關係和人脈圈似乎一下子就擴大了。

然而要利用新媒體來建立有效人脈，我建議要遵守以下四個原則，才能使發展人脈圈的效率最大化，不會浪費時間，這就是「新媒體使用平衡線」的概念。

原則一：規律而正確地傳送訊息

除了臉書和Instagram這種主動發朋友圈的方式，像LINE或微信等互動通訊軟體，建議要留意使用頻率，太氾濫就會失去效果。以我自己來說，一天大概發一兩則訊息就可以了，過多就失去新鮮感，或無法達到引人注意的目的。

這也就是經濟學上所謂的「邊際效應遞減原則」，如果大家都被你的訊息餵飽了，自然不會想再看了，道理就是這麼簡單。

原則二：排定時間使用

發訊息的時機也要恰當，否則沒人會理你。那種需要時間慢慢品味的感性好文，若選在上班時間發，很難會有人有空閒閱讀。此外，在朋友圈也不一定要每天發文，可以固定

兩三天發個訊息就可以了,別給人像爸爸媽媽一樣嘮嘮叨叨的印象才好。

簡單講,「小別勝新婚」的道理也相當適合用在這裡,**適度讓人想念非常重要**,那種動不動就發臉書或傳LINE的人,基本上只是「自嗨」而已,對人脈拓展完全沒有幫助。

原則三:挑內容說

當然,發的內容也很重要。除了有事情急於連絡以外,能促進彼此感情的相關訊息才能引起重視,尤其對於弱連結的粉絲來說,**在臉書發布的訊息一定要能引起共鳴才行**。

而在LINE上則有些區別。一般普通粉絲不太會加LINE,所以這問題反而少,但給強連結和超強連結者的訊息就要有所區分了。強連結者由於都是熟悉的親朋好友,傳點打屁聊天的輕鬆內容自然無妨;但對於超強連結的智囊團則要小心應對,如果都很熟悉了,展現幽默當然也行,但是分寸一定要拿捏好,以免弄巧成拙,傷到自身形象可就得不償失了。

總之,自媒體的經營原則和做人的道理區別不大,都是要「**設身處地**」為人著想才行。只要能從這個角度出發,所傳播的內容自然就不會有太大的問題了。

原則四:需要見面談的事情不要傳

需要知道語氣和表情的事情,通訊軟體是無法表達清楚的,即使是視訊會議,仍然沒有辦法完全取代面對面地談話,只是疫情時代沒辦法碰面,只能用視訊取代,這是無奈

之舉，屬於權宜措施。

　　見面最大的好處就是俗話說的「見面三分情」，更重要的是**能夠百分百分享彼此的情緒和觀點**。當面能接收到對方的眼神、臉部表情和肢體動作所代表的豐富意涵，所以無法被其他交流形式取代。這也是很多線上發展得非常好、會員非常多的商業模式，到最後還是必須舉辦「會員回娘家」等實體活動的原因了。因為見面產生的能量和互動最真實了，其餘的交往模式即使有效果，也都有著不同的風險。

　　總之，和真實的會面及交流比起來，傳訊息既然存在著許多未知的狀況，我們建議還是搞清楚情況，確認無誤後再動作吧！否則就是「不做不錯」了。

　　最後，和大家報告一下我經營LINE的成績（請見以下兩張圖片），以佐證我的說法。臉書的粉絲團則因為怕和公司的重複，所以我沒有成立，當然，沒時間也是一個主要關鍵，在這裡說明一下。

不設退休年齡，認真工作也認真玩

2021-01-14 10:59 文／張靜慧

「好友數已達上限，無法加入」，想跟富士達保險經紀公司董事長 廖學茂 加LINE好友，卻跳出這訊息，讓人見識到他的人脈之廣。

初見廖學茂，他便問：「你是政大畢業的？」心裡正驚訝他怎麼知道記者的背景，他便笑瞇瞇地說：「我從你的臉書上看到的。我讀過政大EMBA，我們是校友。」幾句話便拉近了彼此的距離。對他來說，經營人際關係就是這麼自然。

▲ 在LINE問世前就已經營多年的人脈圈，所以在使用LINE後，得以迅速累積好友數，才會造成無法加入的情形！這狀況也讓我很困擾，但沒想到的是，竟然讓記者朋友寫出來了！就當是美事一樁吧！報導網址是：https://orange.udn.com/orange/story/121314/5173065，歡迎大家上網看看。

▲ LINE上的內容我都會小心篩選，以這種非常感性的小故事最好。我也會注意發出的時間點，以不打擾朋友為原則，讓朋友收到時都可以好好閱讀內容，讓人感動之餘，也多能獲得朋友的回饋，每每都能得到很多的共鳴，進而提升了在朋友圈發言的分量。

3. 如何讓新朋友願意幫助你？

三十歲以前的年輕人在閱讀Part 1的「我憑什麼讓人家幫？」之後，應該都對如何變得人見人愛有一些基本的認識了。但是對於還在求學的年輕人，或剛進入職場的社會新鮮人，三十歲以前的人脈養成還必須注意以下重點。

這些部分都算是年輕朋友比較會疏忽的地方，尤其是記姓名這個最基本的事情，卻有九成以上的年輕人做不到，實在非常不應該。照理講年紀輕輕的應該記性最佳才是，卻往往最不用心，認為名字不過就是一個符號而已，所以都不太重視，這可是一個很嚴重的疏失喔！

以下，我們就從記姓名開始，一項一項跟大家分享如何讓新朋友也願意幫助你的幾個訣竅。

大方向 1 記住姓名，最基本也最重要

請大家想一想，如果今天有一個只見過一次面的新朋友馬上就可以叫出你的名字，並且彷彿老朋友一般地問候，你對這個人的印象會不會特別好？

只要這樣易地而處，多為人設想，其實很多事情就很容易進行下去了。以我個人的經驗來說，由於我從進入東南工專就讀後，就知道自己想要從事業務銷售這種服務人的工作，因此對與人接觸這方面的事就格外重視。也因為這樣，我特意學習了很多的相關知識，這裡就和大家分享這四十幾年來的親身經驗。

首先，記姓名並不是單單只記下姓氏和名字幾個字而已，還要盡可能記住對方的特徵。這幾十年來，我接觸過的人總共有幾十萬了，必須記住姓名的少說也有幾萬人，在當下必須記住姓名的客戶、屬下、同行、甚至陌生人都會有好幾千人。這些人我一拿到名片就會分門別類（關於名片會另外介紹處理方式），能交換LINE就馬上交換，馬上和對方建立關係。以前還沒有LINE的時候，第一步就是要先和對方面對面、眼對眼，甚至很緊密地握手，並交談幾句，如果可以合影當然最好，否則前三項一定要做到，不然事後沒有印象，再碰面時若不記得就尷尬了。

　　我會即時將以上蒐集到的資訊記入腦中，再加上名片和LINE的幫助，每個人的特點、特徵等資訊就會妥妥地儲存到大腦的記憶庫裡了，只要姓名和臉、還有其他特徵與特殊才能對上了，就不會忘記。這整個過程詳細說明如下。

交換LINE和名片

　　LINE等通訊軟體開始流行以後，大部分的人初次見面時，除了交換名片以外，就習慣先互加一下LINE，如此才覺得完成初識過程，殊不知這樣做多半屬於無效的交流。

　　事實上，如何看待名片上的資料才是重點。我幾乎沒見過有人好好端詳名片的，百分之九十五的人都是大概看一眼，就放到口袋裡或收入名片本了，以為這樣就行了。這真是大錯特錯！

　　當我拿到別人的名片時，都一定會放桌上，先多看幾次對方的姓名和頭銜，邊看邊記憶對方的長相，同時和對方交

談，甚至在收進口袋並和對方握手、合影後，都還會再拿出來端詳一下。我盡量從這些動作中蒐集對方的特點，盡速將對方立體化，好刻在腦海中。

這樣的效果其實還不錯，除了長輩一定不容易忘記以外，一般見過兩次面的朋友我都會喊對方名字（不用加姓），既自然又親切，對方不管有意無意深交，都會非常高興我竟然可以記住他們的名字。

看到對方驚喜的表情，我就知道，我成功了！

面對面，眼對眼

這樣盯著對方的目的，主要是為了**蒐集對方的個性和做人態度等特質的資訊**。有些人個性畏縮、退怯，這時候就會害羞，甚至閃避注視；熱情的人則眼眸會放光；性格平穩的人會不卑不亢，所以從眼神很容易分辨出一個人的性格，進而加以分類。這個方法對幫助記住一個人的姓名和之後的分類很有幫助。

反過來說，請各位年輕朋友千萬記住，不要害怕和他人對上眼，尤其是長輩，否則眼神會洩露出畏縮或不安等情緒和性格問題，對其他人看你和面對你的態度，就會產生不好的影響。

可以說，一個優秀的人是落落大方、不會害怕和人接觸的，否則當個宅男和宅女就可以了，不用想出來服務他人。

握手和交談

握手和交談是第三種重要的資訊蒐集方法。當你和對方

眼神相對，先觀察對方的為人之後，握手就是非常重要的肢體接觸，既使只是雙手互握，我們仍然可以從這個動作大概知道對方的態度和想法。

依照握手的力道，可分為三種人：緊握者、輕握者和不輕不重者等三種類型。

第一種緊握者是**很喜歡主動的人，生性熱情**，所以喜歡緊緊握住對方。

第二種輕握者就顯得**沒有自信**了。這種人以剛出社會不久的年輕人居多，因為還不太習慣這樣的社交場合，所以舉止就會比較沒有準則，而且顯得侷促。但如果是年長一點的人依然如此，大概就是個性使然了，面對這種比較內向的人，反而必須先讓他安下心來才行，否則很容易冷場。

第三種不輕不重者，則是最令人感覺舒服的人，但這種人因為**性格、想法不外顯**，所以比較難掌握，與其交往時要小心一些，不能犯錯。

至於交談方面，憑良心說，要靠一兩句話就搞清楚對方的來歷，實在難度很高，但我只是要記住對方的名字，那就簡單多了。因為到這時我已經知道對方的姓名和頭銜，還對過眼神，也握過手了，已經擁有足夠的資訊，這下再做簡短的交談，目的只是為了尋找對方語氣、聲調、口音和腔調的特點，加上前面蒐集的資訊，腦中對此人應該已具有鮮明的印象，最後如果還能合影，那就更百無一失了。

合影

以前拍照後還要送照相館沖洗照片，所以即使很急著要

看照片，最快也得等個兩三天才行，對於重要的人脈拓展會造成一些不便；現在手機拍完照，就能夠在手機或電腦上儲存和分類，實在太方便了。

最簡單的方式就是將雙方的合照和名片放在一起，多注視幾次，並註記和回憶**交談的內容**和**對方的眼神**，還有高矮胖瘦或是捲髮、直髮等**身體特徵**，運用右腦的圖像記憶而不是左腦的文字記憶，就很容易記住對方的名字了。

最好是能詢問對方的**綽號或小名**，一併記錄，當然，自己幫對方取一個容易記得的名字也可以。

大方向 2 要有三重交流：善用通訊軟體、打電話、見面

如果已記住對方的姓名，也有了基本的接觸和來往後，就可以進行下一個階段——善用通訊軟體、打電話或LINE、見面等三重交流了。

善用通訊軟體

關於通訊軟體的使用，最重要的是要先篩選朋友圈（後面的無效人脈中會再細談），最好能**將朋友圈的人數控制在一百五十名之內**，以免應付不來，拖累人脈拓展的效率與成果。另外，也要對人脈圈**進行分類**，這部分可以參考上文「人脈放大鏡」一文，這裡不再贅述。

經過這兩個階段之後，就是要**注意上傳訊息**的問題了。訊息傳得好，對人脈的拓展會有很大幫助，反之，就會無形中傷害到自己在朋友圈中的形象和公信力了。

上一個單元已告訴大家在通訊軟體傳訊息應該注意的四

點原則，總之，傳訊息前一定要多想想這個訊息是不是有問題（尤其是假訊息，萬一吃上官司就得不償失了）、值不值得傳出，否則還是作罷才好。我自己在通訊軟體傳訊息最主要的原則就是，**不同群組傳的訊息不一樣、每天傳送的次數適中、少傳少錯**等三項，給大家參考。

打電話（LINE）

現在以通訊軟體與人聯繫非常方便，而且除了網路費用，不會再多出電信費，大家通話幾乎都是使用通訊軟體，有必要時還可以視訊，已經到了不太用室內電話和打手機的地步了，所以這個標題的意思主要是指「通話或視訊」，打電話自然也包含在內。

會用到通話，一般都是有急著交代的事情，或是用文字講不清楚的時候，除非是個人非常喜歡講電話。最重要的是，能夠通話通常代表雙方比較有交情，所以現在大家愈來愈討厭接到電話行銷，或看到是陌生號碼就不會接。在這樣的風氣下，對於通話這件事自然要更加謹慎，若非有一定的交情，儘量不要隨意打電話給對方，否則給人壞印象而影響人脈經營就不好了。

如果能夠遵照以上原則進行人脈拓展，一個有禮而知進退的人大家自然都會願意幫忙的。

見面

會見面通常是因為熟人介紹，不然就是業務或工作上有需求，如果是已經有交情的人，深交的就不在此限，但是剛

開始建立交情的人，就可以參考以下的會面原則。

　　一般要遵守的原則這裡不贅述，只講一點我認為最重要的，那就是「**服裝儀容**」。以我做了逾四十年保險人的經驗來說，一入行最重視的就是這一條，別說正式場合了，除非特殊情形，不然與人見面、特別是和客戶見面，男性穿西裝打領帶、女性著套裝才是標準打扮。頭髮和儀容當然也要特別整理，那是不在話下。

　　這樣的好處是什麼？一來有精神，二是很專業，最重要的是穿著正裝既尊重自己也尊重對方，會給人一種「我們很重視您（們），任何事情都是全力以赴，請完全信任我們」的感覺，光服裝傳達的潛台詞就能為你加分許多了。

　　還有一點更重要，但絕大多數人卻都忽略了，那就是「**專心**」。依照現代人的情況，見面只要做到「**專心談話和不看手機**」兩件事情，就算守住會面原則了。這和社會環境有關，因為手機太方便了，反而使得人們離不開它。你只要想想，和人碰面時對方一直在看手機（不管原因為何）又不專心，你會高興嗎？因此麻煩你專心點，別再看手機了，這樣對人脈拓展絕對有正面的助益。

　　以上兩點提供給剛踏入社會、正要全力衝刺的年輕人，一定要好好把握得來不易的會面機會，這會是你人脈拓展上最佳的突破點。

大方向 3 能夠平等互惠地交流，才是有效人脈

　　在經營人脈時，除了以服務的心為主軸之外，最重要的是「平等互惠」這個原則。為什麼要特別提到這一點呢？因

為這是為了平衡「以服務的心」的原則。

因為很多人會誤認為「服務之心」就是完全地犧牲奉獻，要無條件委曲求全，有如小媳婦般地做牛做馬就是了。這是大錯特錯的觀念。**服務的心主要是講「態度」，我們要有服務和奉獻的精神與想法，但做法則要「平等互惠」。**

如果做法沒有符合平等互惠的原則，很可能就會「賠了夫人又折兵」，你全心全意地服務，反而被人輕視，那不就太悲慘了嗎？而且也失去了服務的意義，因為彼此尊重是人與人相處最基本的原則。這一點年輕人要特別注意，不要因為一心想著服務或想增加人氣，而失去了做人的基本尊嚴。

不卑不亢又盡力而為的完美示範

這裡我想以「張老師」基金會台北分會蔡易潔委員的經驗為例。她是國內少見的女性化工人才，年紀輕輕就自行創業，除了自行開設化工公司以外，後來還轉型從事電線電纜製造行業，並同步轉投資了許多型態的產業，可說是一位奇女子。我們是中華民國建設研究會第三十三期訓練班的同學，她和我相談甚歡，也對我參與「張老師」基金會推動公益的想法非常認同，因此就加入我們的團隊，擔任了委員，和我一起做公益，一起回饋社會。

話說當初公司在拓展業務的時候，蔡易潔遇見一位脾氣非常暴躁的加工廠老闆，不僅很難相處，對女性從事化工也非常不認同，所以一開始根本沒有辦法合作。但是蔡易潔完全沒有畏懼，本著「不卑不亢」的原則，沉著忍耐地和對方持續交涉，也絕不口出惡言，只是態度堅定，讓那老闆清楚

她的想法和理念，也就是她的底線非常清楚，絕不退讓。

那時候，她其實也不奢望能有合作的機會，只是認為該堅持的就堅持，能服務的地方就盡力而為，成功與否就交給老天爺，絕不勉強。沒想到她轉投資的電線電纜公司才設立一個月，那位老闆就和她做了交易。

對此，她非常意外，決定親自去找老闆問個清楚。老闆對她說：「我罵過所有的人，但人生中唯一一個沒有被我罵的就是妳蔡易潔了。妳的服務、努力跟謹慎絕對是我這輩子唯一認同的人。」不只如此，這位老闆還主動幫她介紹新客戶，顯見她這樣堅持所產生的「口碑傳播」效果非常驚人。當然，這也是因為蔡易潔真的讓這位老闆非常信服，才有可能這樣做。

先尊重自己，才能受人尊重

在這裡，我還要補充一點。請大家想一想，如果蔡易潔只是卑躬屈膝、唯唯諾諾地答應對方所有要求，結果卻做不到，這樣雙方還可能合作嗎？機會應該很小吧！為什麼？答案很簡單，因為我們雖然服務的心永久不變，但要別人感受到你的心意並沒有想像的容易。只有堅持該有的立場，才能讓對方、尤其是這個案例中居於強勢的老闆，明白和接受你的想法和做法。

居於弱勢這一點，是年輕人拓展人脈時最大的問題，這個時候，就必須像蔡易潔這樣**有所為又有所不為**，同時非常**清楚地讓對方了解自己的底線**才行，等到情勢改變了，才有可能不一樣。

年輕人應該做到的就是持續地服務和等待，機會自然會來臨。千萬不要急功近利而忘記自己的立場，這樣反而會被人輕視，這一點千萬要記住。

小細節 友善永遠是最重要的

前文提到關於我接到第一張保單的故事，現在再來告訴大家接下來的事情。之所以要重提這些往事，不是要說自己的豐功偉蹟，而是要告訴年輕朋友，我當初所做的那些陌生拜訪，對我往後的人生幫助有多大。

簡單講，那些陌生拜訪提點了我非常多該注意的細節，也讓我知曉人與人之間很多時候不在於交情深淺，而是一些小細節決定我們是否能獲得及時的幫助。

盲目努力不會帶來成功

坦白講，當年發生「撫遠街瓦斯大爆炸」的時候，我已經入職兩個月，但是連一張保單都沒有談成，也完全不知道什麼時候突破業績掛零的窘境。雖然已經有「可能近半年都領不到薪水」的心理準備，但因為擔心太久沒有薪水進帳的話，家裡可能要斷炊，所以仍然先標了兩個會當作家用。

但是我內心的忐忑不安依然十分強烈，那種對前途和人生的不確定感，無時無刻侵襲著我。儘管我外表冷靜，甚至還能故作鎮定談笑風生，然而如果真的超過三個月還沒有完成第一張保單，我應該會發瘋吧！

因此我非常了解年輕人希望儘快有所成就的那種急迫感，覺得只要認真、積極地打拚，人脈、業績還有事業一下

子就可以建立起來。然而依照我們和眾多成功人士的經驗來看，我必須說，只憑蠻勁做事那是絕對不可能成功的。

友善的態度才是成功關鍵

一個人要功成名就，找對方向和有高人指點當然是關鍵因素，但「友善的態度」更是重要。以這起爆炸事件來說，我那時的上司在事情發生第二天就指點我趕快出動，這就是正確的方向和高人的指點，否則剛入行的我敏感性不夠，很可能就錯過這個時機，那我的人生故事可能就會有截然不同的結局了。

總之，我火速趕到現場後，經過一番努力，終於得到第一張保單，獲得人生第一筆傭金，也開啟了四十年的「保險人生」（細節請見前文，這裡不再贅述）。之後，這個第一位客戶大哥（他要我叫他大哥，其實算是父執輩了）又出於好意，幫我介紹了幾位鄰居和好友一起買保單，讓我的業績大進補。

能有這樣的轉機，關鍵就是這位大哥告訴我的，是我「友善和誠懇的態度」打動了他，這讓我恍然大悟，難怪這位大哥願意對我這樣一位陌生人推心置腹，心中除了感動、感激以外，更是充滿了動力。

接下來，我秉持著這個原則，同時牢記這位大哥的話語，當作我人生低潮時的勉勵語，果然效果奇好，原來，友善的態度和做法這麼重要。

年輕人做人做事，不能太急也不能不急，在這個範圍之內，你一定可以找到很多貴人幫助你的，因為你的友善就是

一種正能量，可以幫助你獲得別人的信任，只要持續發散這種正能量，就是走在正確的道路上了。

4. 人脈變金脈的訣竅一

以下三十歲以前人脈變金脈的訣竅，不是為了讓你增強「賺錢能力」，而在於立定正確方向和養成良好態度。不是說賺錢不重要，而是打好人脈經營的基礎更重要，這樣才能讓整個人生事業有厚實的底子。

「成功不在一時」，培養對的人脈經營術才能走得遠、走得久。

 ## 大方向 1 突破恐懼，主動接觸

人脈經營術的第一課就是「如何克服對陌生人的恐懼，主動走出去」。這一步很關鍵，需要的就是「**勇氣**」而已。很多人會說自己個性內向，有「社交恐懼症」，所以沒辦法接觸人群，尤其是主動和陌生人說話這種事。

但是根據統計，真正頂尖的業務員、尤其是和人密切相關的保險業務員不見得都是外向者。這是因為關於服務最重要的條件不在於「口若懸河、熱情奔放」等性格特質，而是**「傾聽、分析和友善的態度」**，因為我們必須先了解每一個人真正的需求，才能提供適當的服務，所以內向外向不是問題，「服務的勇氣」才是問題的正解。

勇氣，來自實現目標的決心

有突破的勇氣，就能主動接觸，並利用友善的態度，傾聽、分析和反饋（這時再口若懸河解決他人的疑問就可以

了），這樣才能發現他人的需求，然後提供針對性的客製化服務。

以我自己來說，由於保險業的教育訓練非常扎實，基本上到了需要跟客戶拜訪時，已經不會怯場了，並且可以將保險相關內容詳細地介紹給客戶。與陌生人見面三分鐘以內，就必須能夠取得對方初步的信任，對方才會願意坐下來認真聆聽內容。而這樣的能力就是從每一次接觸磨練出來的。

所以我說確認了全力服務的心態後，才有突破的勇氣，也就有了走出去的動力，踏出去的難度自然大幅降低。

找到夢想，就勇往直前吧！

一九八〇年，我一服完兵役，就向我的乾媽借了三萬元去買一部三陽野狼一二五的機車，然後帶著一箱衣服，毫不猶豫就直闖台北，因為那時我早已立志要從事與人有關的服務事業了。

我的第一份工作是在台灣英文雜誌社擔任廣告AE，只做了兩、三年，不到二十五歲就當上了業務經理，月薪已經有六萬元，不過我卻一點也不滿足於此。在偶然的機會裡，我聽說在美國和日本這兩個國家，能創造最高收入的行業就屬壽險業務員，這個行業最棒的地方就是能以全力服務的心獲得高收入，聽到這一點，我就知道自己找到了夢幻行業，所以二話不說，馬上選擇投入。

一路走來，我最感佩的就是我老婆。那時候，我大兒子已經快出生了，如果是一般人，不鬧家庭革命才怪，而且一定會問「怎麼會在這個時候換工作？」但是她卻義無反顧地

全力支持我作這個決定，光是這一點，就足以證明她是我一輩子的賢內助。

大方向 2 施比受有福，用力幫助人

我的人生目標就是「工作賺錢、做公益」，這是從二十歲以前就確定的。同時，我在因緣際會下，也訂立了「施比受有福，用力幫助人」的人生實踐指標，從來不問為什麼要服務，認定了，做就對了。

做公益，隨時都可以

大部分的人都覺得錢賺夠了再做公益就可以了，我卻是不認同的，因為這兩者是可以並行不悖的，為什麼要等到退休才有時間呢？

關於這點，我和很多熱心公益的成功企業家交流過想法，大家共同的結論都是，工作賺錢、做公益要一起來，不能等的，即使退休了，也只是變成「專心做公益」和「為公益賺錢，好再做更多公益」兩項目標而已。

這些行動最大的收穫便是**得到內心的充實與喜悅**。可以靠著自己的能力為社會付出，自然而然也會換得更多人的尊重，有機會時，別人也會回報你。

熱心公益的成功人士

以下，我舉幾位和我抱持同樣想法的成功人士為例，提供給大家參考。他們都是從年輕就開始不斷付出，都是抱著「施比受有福」的想法拚命做公益的人，值得大家效法，我

也在這裡謝謝他們。

首先是保險界幾位人士。第一位是富邦人壽總經理陳俊伴，當初請他擔任「張老師」基金會的委員和捐款時，他二話不說就每年捐三萬元。第二位是富邦產險前董事長陳燦煌，當產險公會理事長、公司董事長請他擔任「張老師」基金會的委員，他也是馬上支持，非常夠意思。還有台灣人壽總經理莊中慶，請他擔任「張老師」基金會的委員時，他立刻答應，立刻捐錢。感謝三位同行。

接著是我母校東南科大的校長李清吟、執行常務董事林守義，當初聘請他們擔任「張老師」基金會的委員，他們也是馬上捐獻三萬元。還有東南科大校友會前理事長徐忠胤、王建曄，以及現任理事長林仲曦，三個人收到「張老師」基金會的邀約，都是一口就答應擔任委員。

願意擔任「張老師」基金會委員的還有北京大學EMBA台灣校友會理事長李欣，也是說參加就參加；而北京大學EMBA台灣校友會鄭婕婕，更是超級夠意思，本身從事珠寶買賣，不只立刻答應，還一捐就是五萬元、十萬元。

這些人願意大力幫忙，一起做公益，令我有一種講不出來的感受，「雪中送炭」就是令人感動。因為有這麼多人熱心地出錢出力，讓基金會在募款上沒有問題，沒有發生困難，這種成就感真是難以言喻。

更重要的是，在「張老師」基金會裡，真的會感到人生充滿無限可能，也是眾人鼎力相助才能達成這樣的成就，正如「一群人才走得久」這句話說的，我真心感謝、再感謝。

能夠和這些成功人士一起做公益，真是與有榮焉，而這

些就是我從二十歲開始做公益所發展出的人脈圈的一部分。
大家有共同的理想和奮鬥目標，並能持續下去，也才可能聚
集在一起，才有目前些微的成績。以上提供給各位年輕人
參考。

大方向 3 關心別人真正的需要

在「撫遠街瓦斯大爆炸」現場附近的商家，我做成了人
生第一筆保單，檢討起來，其實我就是非常單純地關心別人
真正的需要而已，當我們散發這樣的想法的時候，對方其實
也會知道的，這是因為真心關懷他人會發散出一股正能量。

善念終將結成善果

聽起來很玄妙，但它確實是存在的，這就是「善念」，
也是人脈發展中很關鍵的一點。只要我們心存善念，比如我
就是認為「人生以服務為目的」，這樣持續做，會持續散發
正能量，久而久之，人家就容易發覺，會感受到你的真心誠
意，當然也容易接受你這個人、你的服務了。如此一來，你
的人脈自然而然就拓展出去了，金脈網絡也就隨著人脈網的
擴大而擴大。

再者，這樣人脈變金脈的效果是會加乘的，起頭當然非
常艱難，但會愈做愈輕鬆，到後來你會發覺怎麼到處都能廣
結善緣，很多事情就迎刃而解了，這些都是「善念」結成的
「善果」，如此而已。

話說當時意外發生之後，我的主管就馬上指派我去事發
附近陌生拜訪。我做成的第一張保單內容是五百萬的平安保

險，同時又透過附近的關係再繼續延伸，成交了好幾張保單。隨著這個緣分，我又陸陸續續成交了許多保單，業績就這樣打開了，信心大增之下，當然是愈做愈好。

結成善果的必備條件

很多人問我，這些善念到底是怎麼結成善果的？回想這些過程，我自己的結論是，應該是我**比別人多花了三倍的時間在經營人脈上**。

我從二十五歲開始在南山人壽上班，一年後升主任，第二年升襄理，第三年升經理，四年多時成立獨立辦公室（三十歲）。那時，我每天花費在拜訪客戶的時間是別人的三倍，八點上班，晚上才十一點下班。

此外，保險客戶年齡範圍很大，當初投保的人數很少（只有百分之四），經過我幾年的經營，從陌生拜訪到漸漸把市場打開，過程中經歷很多被拒絕的經驗，但我認為人壽保險在現實層面是非常有價值的。對商品的信心，支撐著我在這個產業努力深耕，慢慢累積客戶的信任。

前三個月，我一張保單都沒賣出去，但是在這個過程中，我開始了解推銷的技巧。慢慢抓到訣竅後，我的成交率也逐漸提高。我的成交率能提高沒別的訣竅，靠的就是「**熟能生巧**」以及「**對於自家產品的信心**」。

只有自己作好心理建設，明白「推銷是從拒絕開始」、「嫌貨才是買貨人」的道理，才能夠超越心裡的那道坎，以正向的態度面對挫折感，更用心地去了解專業知識，畢竟把相關條款背好，才能從容地與客戶溝通。

打動業務高手的原因

說到這裡，我要分享一個小故事。當初，我聽聞宜蘭的副總小林是一個業務高手，就想代表當時的公司去找他合作。沒想到他總是沒空，所以一直都沒能約成，我乾脆找一天晚上十一點多下班後，開了車，從台北直接殺到他宜蘭的家門口，就是想要見他一面。

那時從台北到宜蘭可沒有雪山隧道，不是走濱海公路就是九彎十八拐的北宜公路，危險性還蠻高的。我開車過去大概兩個小時，雖然終於和他見到面談到話了，但兩個多小時的會談卻是徒勞無功，沒能打動他，我只得在凌晨三點多再殺回台北，然後去公司繼續上班。

不過故事到這裡並沒有結束喔！

多年後，我自己創設「富士達保經」，正當求賢若渴、需要招兵買馬的緊張時候，很多朋友也非常熱心地介紹許多高人給我。有一次，我約了人碰面洽談，到了約定的地方才坐下，和對方互看了一眼，彼此就不約而同大叫了一聲。我說：「是你，林先生！」他則說：「是你，廖先生！」

我們兩人都同時回想到幾年前那次「無緣的談話」，但是這次情況不一樣了，時機成熟了，我們對彼此的合作充滿了信心，馬上就達成攜手前進的共識。就這樣，我把宜蘭的業務交給他和其他夥伴，我們也一路過關斬將到今天。

事後，小林這樣描述我們的合作：「其實，不只是董事長的誠意打動我，我發現，他是**真正關心別人的需要**，這才是讓我最感動的。最重要的，再次碰到董事長時，我才第一次理解到，原來被別人需要竟然是如此值得高興的一件事

情，這才是我最應該委身的地方。」能夠這樣理解彼此需要的，就是知己啊！

 終身學習

在人脈拓展中，終身學習是一個很容易被忽略的事情，因為這部分看似和人脈拓展完全沒有關係，但其實它正是讓自己人脈升級很重要的手段之一。原因在於唯有你持續無間斷地學習，一直提升自己，使自己的心態非常正確，同時服務他人，才能成為他人眼中對的人。畢竟你會想結交良朋益友，那些優秀人士也會衡量你的性情、三觀、見聞是否值得交往，是吧？

因為早早就意識到這點，所以我「每天認真學習」，近幾年，更先後念了政治大學、北京大學、臺灣大學等三所名校的EMBA，讓自己隨時面對問題、接受挑戰、解決問題、不逃避問題。

學習，增強你解決事情的能力

我認為真正投入學習才是解決問題的根本，因為學到更多，膽識更強，挑戰能力也更強。比方說，我現在就讀臺灣大學EMBA，就更能全盤掌握全球脈動，對於匯率、股市、證券、債券的變化，都會特別注意。

以我近期學習的管理會計為例，課程目標就是成為器大識深的領導人，課堂中還告訴我們許多極有參考價值的實例。以經營事業來講，課堂上舉了上海星巴克為例。上海星巴克的烘培工作區域是西雅圖總部的兩倍大，開業到現在已

經半年多，每天都是一位難求，所以我們深入研究，想要了解上海星巴克到底賣什麼，為什麼可以吸引這麼多客人。得到的結論就是「賣一個氛圍、感受」，這些都是現在的環境最重要的「服務體驗」。

再者，為什麼面臨外在的巨變，還是有這麼多公司如此成功呢？主要原因就是照抄不一定成功，但一成不變就會失敗，所以要不斷聽取不同人的想法、做法。

一樣以上海星巴克為例，我們選定後台設計做為研究課題。課堂中提到，一家公司要成功，策略、設計、執行力很重要，許多公司的競爭優勢就是快速、準時。除了跟時間競爭的優勢外，還有很多產業是採低價競爭，但其實更應該把高品質當作競爭優勢才對。在眾多的競爭當中，提供客人客製化商品服務，才能真正迎合所有人的實質需求。

我進入臺灣大學EMBA還學到一個觀念，那就是「什麼叫大師，大師就是把不懂教到懂，懂到可以想到以前沒想到的東西，教到可以想到很多新的東西」。

一邊學習，一邊拓展人脈

在臺灣大學EMBA的學習當中，這樣的專業實務課程是和各領域專業人士共同學習、成長的。我的同學每一位都是各個行業的領袖與菁英，在這樣的環境下學習，所獲得的不僅僅是學識和專業技能的大幅成長，更多的是與每位同學、每個分組之間腦力與友誼激盪出來的火花。

這樣的結果就是我的人脈擴展再度大爆發，又上升好幾個檔次，這就是終身學習最大的好處，只要跨出去，就一定

能被看見，同時看見更多，收穫絕對不可計數。學習，才是最好的人脈擴張之道。

書中自有人氣王

除了求學之外，我個人增進知識、提升涵養、開拓視野的方法還有閱讀和聽演講。如同Part 1提到的，我從就讀東南工專的時期開始，只要有空閒時間，幾乎都泡在各大書局裡博覽群書。所謂「腹有詩書氣自華」，當你成為一個非常人之後，自然而然就會產生巨大的吸引力，成為一個「人脈之眼」、「人脈中心」，人脈拓展和升級就會在不知不覺中完成了。最重要的，我從書中體認到「人脈就是錢脈」這個觀點，它也成為我的核心信念之一，可以說如今的我能相交滿天下、功成利達，都要歸功於閱讀帶給我的啟發。

至於聽演講，對我而言，也是吸收新知的一種模式，還能從在各個領域表現出色、擁有不凡生命歷程的講師身上，獲得看待事物的獨到見解和面對挑戰的人生哲學，同時有機會結識跟我一樣有著旺盛求知欲的新朋友，這些氣味相投的朋友，也豐富了我的人生。

然而接觸這麼多的人，當中一定會有不欣賞我的人，也難免會聽到批評我的聲音，這時，又要借重閱讀的好處了。閱讀能增進自信、陶冶品格，在面對他人的責難、排擠時，不至於完全照單全收而自輕自賤，比較能以平靜的心來看待。若別人的指教公正有理，就虛心接受、設法改進，若只關乎他的個人偏見、甚至帶有惡意，那就安慰自己「道不同，不相為謀」，繼續堅持自我，無須為此動搖。閱讀，既

能幫助你交朋友，還能改善你做人處事的態度，我們當然也要把書本當作一輩子的好朋友嘍！

　　所以我雖然一開始學歷不佳，但從不妄自菲薄，也不灰心喪志，而是選擇努力不懈地自我成長，最後不但進入一流大學讀書，也得以和數不清的傑出人才相知相惜。我完全可以抬頭挺胸坦然地告訴年輕人：「終身學習是人脈拓展的關鍵之一」，因為我自己就是最好的證明。

5. 自身經驗：東南幕覽之友聯誼社、校友會

提到人脈的建立，由於我自己是鄉下農家出身，沒有背景和任何資源，如果要打拚出一片天，一定要靠朋友互相幫助。但如果自己沒有服務精神，人家怎麼可能想要和你合作呢？所以我很早就有「犧牲、奉獻和服務」的覺悟和經驗了。

在學時，從社團培養人脈力

　　還在念東南工專（現在已經升格為東南科技大學）二年級時，我就成立學校的「幕覽之友聯誼社」，帶同學上山下海，到處旅遊。聯誼社的名稱就有幕天席地、遊覽名勝的涵義，可說是個吃喝玩樂社團，我負責規劃各式活動，有時辦舞會，有時爬合歡山，有時露營、烤肉或泛舟，我還負責承包遊覽車等，籌劃所有的活動。也許是個性使然，我總覺得能為人服務是自己的榮幸，就像從事許多公益活動時，我覺得還有能力幫助別人、回饋社會是一件幸福的事。

校友，你該好好把握的人脈

　　民國七十五年、我二十多歲時，成立了東南工業專科學校校友會，一晃眼已經超過三十年了。這期間，學校改制為東南技術學院，更在二〇〇七年八月一日改制為東南科技大

學，而東南校友會也不斷地成長茁壯。校友會剛成立的時候，由於知名度不高，無法吸引年輕校友回來幫忙，當時只有二三人來，是跟校友一起推動，當中，我擔任過六年的理事長、十八年的副理事長。

二〇〇九年，我當選第一屆東南科大傑出校友聯誼會創會會長，一開始的社會公益是鎖定東南校友會，為什麼呢？主要是我對十五歲到二十歲、唸五專這段時期最有感。

以前，我做很多事情都沒有目的性，不是因為想做生意而去做公益，所以沒有主動賣任何校友保單。因為有這樣無私的出發點，隨著我的社會成就逐步累積，也慢慢獲得校友尊敬。

我從東南畢業至今四十餘年，每年都會回母校。二十六歲時，我在南山人壽工作，有一天，東南的班導師來找我，希望我能回校幫忙成立校友會。我二話不說就開始籌辦，從沒錢沒人開始，到現在每年幫學校募款，默默付出三十幾年，這期間，我擔任了十五年的副理事長、六年的理事長。十五年前，學校又聘我擔任學校教育董事直到現在，校長覺得我這個人很有意思，這幾十年為學校出錢出力，卻從未做過學校的生意，也從未推銷過一張保單。不少朋友也笑我傻，但我不以為意，反而認為人要懂得飲水思源，做個快樂的傻瓜有什麼不好？

持續服務，人脈才能穩固

二〇一九年，是東南五十週年慶，我又被大家推舉為校

友會總召集人。接下這個工作時,我心裡有數,必須幫學校募款,而我也必須捐贈,並協助在校有困難的學弟妹。但我樂於參與這樣的工作,幫助年輕學子就學一直也是我希望做的事,何樂不為!

同時,為了讓學校今後募款不要那麼困難,我甚至提出一個做一次可維持五年募款經費的公益大使計畫:如果校友願意一年捐款三萬元,連續捐五年,我們就封他一個「金質公益大使」的名號;若是一年願意捐贈伍萬元、五年捐贈二十五萬的校友,我們稱他為「白金公益大使」;若是校友願意年捐十萬元、五年捐五十萬元,就可以成為「鑽石公益大使」。這個計畫獲得學校認同、大會一致通過後,我個人率先年捐十萬元,連續捐贈五年,沒想到今年很快就達成為學校募資五百萬元的目標。

如今我都六十幾歲了,當初的校友有十多位都變成「張老師」基金會的輔導委員,我跟這些校友也相處了三十幾年,從來沒有斷過聯繫。今年五月十一日東南科技大學五十週年校慶,大會上推選五十週年的籌備召集人,因為我有協助一點,便成為東南科技大學五十週年的鑽石級公益大使。學校更趁校慶推出特刊,希望藉這樣的機會,幫助在校的弱勢同學,而教育部更說學校募到多少錢,她們會就跟著出多少錢。

當時,我建議的方案是:捐五十萬元,可分五年,就是鑽石級公益大使;捐二十五萬元,可分五年,就是白金級公益大使;捐十五萬元,可分五年,就是金質級公益大使。

最後共有八個人成為鑽石級公益大使,等於募集到四百

萬元，整體總共募到五百多萬元，這部分蠻有成就感的。校慶當天貴賓相當多，當時教育部前部長吳清基、救國團主任葛永光、幾十位高中校長、教育部次長，還有歷任校友會理事長都前來共襄盛舉。

我雖然之前是讀五專畢業，但從來不諱言，就是認真工作，投入公益，所以朋友幾十年都沒斷，都會相挺、會支持、會捐錢，這都讓我相當感動。

總而言之，我要和每位年輕人說的就是「英雄不怕出身低」，只要以服務為心、會交朋友，成功遲早也會成為你的好朋友。

Part 3

三十幾歲的人脈金庫術：
有社會歷練者的人脈網路
的鋪陳

三十～四十歲這個階段的人隨著社會化程度加深，也逐漸成為社會的中堅，因而基本上已經有了一定範圍的人脈圈，但是雜亂無章、需要整理、無法擴張……等等問題可能也都會陸續出現。

因此 Part 3 會專門探討這個階段人脈拓展和維護的相關問題，以及如何擴大經營成效，期望能化解許多人拓展人脈時的誤區與盲點，在盤整後得以更上層樓，一飛沖天。

1. 三十幾歲人脈的特點

當人到了三十幾歲的時候，出社會工作少則五、六年，多則將近十年了。經過這些年的江湖歷練，總該也對人脈的建立多少有一些模糊概念了吧！相對地，也建立了一些錯誤的概念，這裡，我們不講那些大道理，就是和大家分享當我們已經進入社會五到十年的時候，應該如何讓人脈可以再上一層樓。

大方向 1 有智慧的裝熟達人

「裝熟」這個字眼有幾個意涵，一是基本上認識對方，但是不夠熟悉，而我們想跟對方加深關係，所以想藉這個行為，拉近彼此的關係與情感。二是這表明了人脈中存在著「疆界」，每個人對陌生人、不熟朋友、熟悉朋友、好友、閨密或麻吉等不同熟悉程度的朋友，會有不一樣的界線，儘管每個人認定的不太一樣。

這段話重點在最後一句「**每個人認定的不太一樣**」。這話點出大家對於熟不熟悉雖然有大致上的認定和默契，卻沒有一個真正的標準。而「裝熟」這兩個字也表明了我想跟對方攀交情，打破這個疆界，建立關係，但事實上雙方真的不熟，所以只能裝熟。

因此要如何「有智慧」地和對方由陌生到熟悉，甚至成為好友，最後變成知己，就非常重要了。對已經在社會上打滾了幾年的三十世代來說，本文提到的這套方法對人脈圈已

有基本成績的人來說，就是拓展人脈非常好用的方法了。

這裡提供三個可以努力的方向給大家：**一是要先展現自己非常願意提供服務，二是要適當地甜言蜜語，也就是討好，三要讓對方覺得可以放心對你傾訴私事。**這三點我們統稱為「智慧裝熟三要素」。

這三點有一項很重要的共同元素，那就是「**修養與涵養**」，也可以說是必備的基本條件，具備這一點，才有能力實踐以上三者。怎麼說呢？因為要裝熟，就必須先有承受被拒絕的勇氣，尤其是已經三十多歲、有基本人脈或成就的人特別需要，因為你很可能已經忘記當初是怎麼熬過那段青澀的無人脈期間了。這時候，你就要先重新喚起「從零開始」的勇氣。

所以要修養自己的涵養，讓自己「謙卑，謙卑，再謙卑」，才能認真面對與學習擴大人脈這件事情。簡單講，就是臉皮要厚，而且最好厚成「犀牛皮」，那就萬無一失了。

接下來，我就分別針對以上「智慧裝熟三要素」來一一說明。

服務

關於裝熟，大家最熟悉的經典場面就是，一個人硬湊上去要加入眾人的話題，結果馬上造成冷場，大家不是面面相覷、一臉尷尬，就是面露不悅、防衛，最後，這個人扛不住難堪和壓力，只好自己識相地離開，最糟糕的情況就是，眾人覺得掃興、沒趣，而紛紛藉故作鳥獸散，獨留他一人在原地自尊心碎滿地。因此想要和人混熟，鹵莽地直接上肯定是

不行的，成功率幾乎是零。

　　比較理想的方式是「**直接提供服務**」，讓人感受到你的善意。舉例來說，大家到風景區遊玩，常常會請別人幫我們拍照，畢竟「拍照」這個事情，已是現代人鐵定會做的的全民運動，可說是一種「剛性需求」了。想當然耳，這也就是提供服務的最佳時機了。

　　尤其是團體行動的時候，總是會分成一群一群人，而對你不熟悉的一群人，如果想要建立交情，提供拍照服務是最好的，所以會拍照就變成一項很重要的社交手段了。

　　我公司的小費非常熱愛攝影，從學生時代就參加攝影社，甚至成了社長，而且還喜歡和校外的攝影社一起聯誼、辦活動，是典型的風雲人物。出社會後，這個專長也被他發揮得淋漓盡致。

　　有一次我們舉辦員工旅遊，到了景點，大家三三兩兩地拍照的時候，正好有一群其他團體的人要他幫忙拍照。拍完後，大家看他照的照片都讚不絕口，尤其是現在手機的拍照功能雖然都非常良好，但很多人都不太會使用，所以他馬上就變成大家討教的對象，一群人圍在他身邊問個不停。

　　沒想到，這一問就從攝影聊到他的職業。他才拿出名片，就有個女生大叫一聲，把小費和其他人都嚇住了，不約而同看向她。只聽這女生又焦急又羞愧地說道：「我……我……我忘了幫大家保險了！怎麼辦？」

　　「小事一椿，交給我來處理，馬上就搞定。」小費一聽，隨即提供幫忙，就這樣完成一單最簡單的交易。同時，因為大家都是三十出頭的年輕人，很快就聊了起來，馬上就

有兩三個人想跟他買保險。

等到他回來時，就被我們這些酸民半開玩笑、半忌妒地打趣說：「唉呦！竟然靠『美攝』騙取保單喔！不簡單耶！」說得臉皮薄的他滿臉通紅。

這實例說明，有任何專長都不要放棄，只要好好發展，「養兵千日，用在一時」，總會在意想不到的地方發揮奇效，如此一來，連裝熟都不用了，它就自己熟了。

討好

討好，**用行動比話語還有效果**，而且無往不利。

前文提到的「羅東彭于晏」小洪，他除了愛搞笑以外，還是一個「裝熟達人」。他告訴我，每年夏天孩子放暑假時，每到假日，他一定會帶孩子和老婆、呼朋引伴地到溪邊去烤肉、露營，度過一個又一個難忘的假期。

我問他為什麼要這麼做，他聳聳肩，輕鬆地說道：「除了陪伴老婆和小孩以外，還要朋友們也帶老婆、小孩，還有朋友的朋友，甚至朋友的朋友的朋友也一樣歡迎，大家搞得熱熱鬧鬧最好，而且我一律是『人來就好，其他我搞定』，歡迎所有人來共樂、共用。」言下之意，不言可喻。

他接著道：「其中會有很多朋友的朋友的朋友，可能是礙於人情不好拒絕，或被朋友強迫參加，總之，不管什麼原因，就是很勉強參加的，一看就很不自在。這時候，如果是男生，就派出我老婆，女生的話，當然就是我負責，友善地和對方聊聊，以去除他們的拘束感。」

「能說什麼？」我好奇地問。

「什麼都能說啊！只要能讓對方放鬆就可以了。真的太內向的，不說話也可以，就一起玩吧！我帶小孩來就是一個很好的潤滑劑。孩子們玩，大人也跟著玩，一回生，兩回熟，不到半天就跟老朋友一樣了。」小洪經驗老到地說道，看樣子真是「遇人無數」了。

「還有啊，我們都會釣魚，魚竿和魚餌都很多，新朋友一來就給他一根釣竿，會釣的馬上一聊就熟了；不會釣的更好，教他們釣魚的過程中，話題很容易就打開了，也很快就變熟了。所以我們這邊大家都喜歡來，朋友更是愈聚愈多，每年不只孩子期待，我們大人也一樣。董仔，下次一起來吧！」小洪熱情地邀約，我自然不會錯過下次的暑假了。

看來，會製造情境、善於營造環境的人，不用裝就馬上熟了，這才是最高明的討好。

傾聽

三十多歲的人還有一個最大的問題，那就是開始變得不耐煩，很容易打斷別人，而且喜歡自說自話。這樣一來，人脈拓展到一個程度就會停滯了，因為願意聽你那一套的人愈來愈少，如果自覺不夠，就會逐漸成為不思進取的人，原地踏步，不進則退。

所以我建議這個年齡層的朋友，不僅要擴大生活圈和交友圈，還要學會「傾聽」。能夠傾聽收穫最大的就是自己。**當你願意傾聽時，就會發現很多平常發現不到的事情。**

舉例來說，宜蘭的小林發現當地的人脈圈較為封閉，為了有效拓展人脈，便透過朋友介紹，參加了當地的獅子會。

起初，他先從獅子會的祕書當起，主要協助獅子會會長處理事務。後來，他到宜蘭大學修了EMBA，因緣際會下，又遇到這位會長，而有機會把對方變成客戶。

由於對方人脈很廣，讓小林逐漸將客戶網絡延伸出去。後來，小林取得講師資格，就在獅子會裡面講課，需要人才的時候，也常常從獅子會內部尋找。宜蘭地區因為較為封閉，人與人之間關係也較為緊密，小林藉此特色，從自己熟悉的社團內，慢慢培養與擴展人脈。

他跟我透露，要在這個較為封閉的圈子拓展業務，除了有朋友介紹外，更重要的是要真心和大家做朋友，否則被視為外人的話，是一點機會也沒有的。剛開始，他也和其他人一樣喜歡高談闊論，但沒多久，他就發現當地人更喜歡實在的人。這不是說他不實在、浮誇，而是本地人相對較為沉默，所以也對他的放言高論不習慣，因而產生了疏離感。

他隨即調整自己，先讓自己靜下心來，回到腳踏實地默默做事的自己，同時保持對周遭的觀察，以便展現服務的自己，消除和他人的距離感。

沒多久就產生效果了，開始有人主動和他談話，詢問他對事情的看法。這時，他才發表意見，讓人看到他新奇、有趣又實用的不同想法。終於，他逐漸受到認同，也獲得了大家的友誼。

從這個例子我們可以看出，裝熟絕對**不能一頭熱**，像隻無頭蒼蠅亂亂竄，那樣只會惹人厭。很多時候反其道而行，欲擒故縱，反而顯得特別，然後順應人情，不用裝自然就熟，就能成功融入圈子了。

^{大方向}2 榮譽心、企圖心

三十歲到四十歲這個階段，差不多正是人生走了一半的「中點」，很多人起步不錯，到了這時卻遇到瓶頸，不知接下來要怎麼持續；而起步不順的人，這時候也會很焦慮，到底要怎樣才能迎頭趕上、彎道超車？

結果就變成大家都很徬徨，不知怎麼踏出下一步。

我的想法很簡單，就是「**榮譽心、企圖心、感恩心、回饋心**」這四心。此話怎講？人生就是一場馬拉松，誰先到終點誰獲勝，所以中間這個階段最難受了，不論往前還是回頭看，剛好是兩邊都摸不著的情形，只是不知怎麼走而已。

我給自己的心理建設就是，對於任何事情都抱持積極、正面的態度，碰到事情時，只要思考如何解決、如何行動就好，不要去想自己適不適合，一旦有這樣的想法，就代表你開始退縮了。

本單元我先說明榮譽心與企圖心兩點，下個單元再分享感恩心和回饋心。

榮譽心、企圖心推動你持續向上

話說我擔任執行副總之後，就必須更深入了解公司內部不同職務的人員，不同於以往外勤的業務，只需要專心應對客戶就可以交差了事。

也因為這樣，我在與各部門同仁互動的過程中，很快就意識到自己在專業上的不足，而產生追求進步的動力，開始去買書研讀，努力補足不夠的地方。在英國保誠擔任高階主

管的階段，我有機會接觸到其他保險公司和上級官員，互動對象的層級更高了，人脈當然就比以往更加寬廣。以前擔任外勤，人脈單單是靠自己開拓，在這個階段開始，則是被動加上滾動地快速擴充。

也是在保誠人壽期間，我決定到政大研讀EMBA全球華商班的相關課程，進而徹底扭轉了往後人生的走向，這就是榮譽心與企圖心的表現。

榮譽心、企圖心讓你樂於接受挑戰

再舉我的好朋友蔡易潔為例。她的榮譽心與企圖心非常強烈，對於自己要做的事情相當執著，不管任何方法，都要達成目標。這強烈的個性也反應到她爭取客戶的企圖心上。

她在和台灣最具規模、也是上市櫃公司的家用燈具大廠合作時，因為對方的訂購量雖然非常大，但價格也要求得非常低廉，於是她想盡各種可以降低成本的辦法，希望能夠滿足對方的需求。最後，她運用自己非常善於看材料盤勢價格的專業能力，協助對方從國外取得最好的價格，最後也和對方順利簽約。

還有一家上市櫃的車燈大廠，因為要賣到歐盟國家的車燈不符合使用無毒材料的要求，正面臨退貨、退櫃的重大危機。而全台灣除了她公司有這樣的產品與技術，別無他家了，於是對方透過關係找上門請她協助。最後，她也是運用公司的技術，製造出完全符合歐盟規格的無毒產品，幫助對方度過難關。

從蔡易潔這兩個例子來看，如果沒有她這種榮譽心與企圖心，也沒辦法取得這兩家廠商的合作機會。

大方向 3 感恩心、回饋心

我個人認為，感恩心與回饋心應該是一個人做人最基本也最應具備的素養，而四十歲以前正是一個人精力最旺盛、最該踏出自己的小圈圈去幫助別人的時候。

以我自己來說，我做公益的年資超過三十五年，最困難的時候是在三十六至四十歲這個階段，但投入公益卻也最賣力、體悟最多。所以我才說，只要具備感恩心與回饋心，你的付出最終一定會回到自己身上的。

感恩心、回饋心讓你學會付出

在這麼長的公益生涯中，我多半是在幫助貧困的孩子及青少年，希望讓他們有讀書的機會與良好的就學環境。隨著社會變遷，我察覺到人老之後的寂寞，以及對關懷與照顧的需求，因此希望以後也能在老人照顧這方面盡一份心力。

這一路走來的軌跡，可能與我有過養育小孩和照顧父母的體驗很有關係，因為曾經身在其中，才能體會當中的甘苦滋味。孩子是我們未來的希望，也能讓年長者老有所依，我心中一直熱切期望能在這兩個領域有所貢獻。

記得小時候，我就很羨慕有能力幫助別人的人。小學時，我喜歡聽廣播劇，有次聽到廖添丁的故事，知道他劫富濟貧的事蹟，就羨慕不已，覺得他好厲害，是令人欽佩的英雄。這個故事在幼小的我心中埋下了一粒種子，牽引出往後

的公益之路，我告訴自己，長大後也要像廖添丁一樣，幫助貧困的人。

隨著成長的腳步，我慢慢知道不必像廖添丁一樣奪取富人之財，而是可以靠自己賺的錢來助人，心中便立志好好努力工作，希望有一天也能為需要的人提供一些幫助。

感恩心、回饋心讓你知足常樂

剛結婚時，我和太太有過捉襟見肘的日子，曾經還沒到發薪日，皮包裡就只剩下不到兩百塊。

經濟這樣拮据，一家大小怎麼過？只能買幾個饅頭，配醬瓜與稀飯度日。為了省錢，我們還跑到虎林街黃昏市場買便宜的蔬菜、水果。想給孩子加菜吃點海鮮時，便跑到基隆八斗子買別人挑剩的現撈魚貨，或是別人挑剩後便宜賣的蝦子，有時買的量多，還可以烹煮好幾餐，孩子們都吃得很開心。我們也會利用假日，到濱江果菜市場買批發的蔬菜水果，四個孩子要吃飯，兩三天就把一堆食物吃光光。日子就這樣一天天過去。

有時，我會跑到重慶南路翻書，發現許多有錢人也都是有過貧困艱苦的歲月，既然如此，只要我努力工作，一定也一樣可以熬過去的。這段生活經歷，讓我們了解到日子辛苦的模樣，我和太太曾經發願，以後要是有能力，一定要幫助生活上遇到困難的人。

我們始終懷著感恩心與回饋心在生活，即使遭遇任何困難和不好的處境，都不曾改變。人生一定會遇到問題，我們多幫助別人一點，不知何時那個善果就會回到我們身上。當

然，我們的感恩與回饋應該不求回報，我只是就結果來論，期望大家能夠確實以這樣的心態生活。

蔡易潔也始終抱持著同樣的想法。她用感恩心與回饋心不只化解兩家知名中控鎖防盜組加工廠的問題，更因此媒合了兩家的合作，一起協力對抗大陸、韓國、印度、中南美洲等各國的競爭對手，並獲得良好的成績。這就是懷抱感恩心與回饋心促成團隊合作最成功的案例之一。

小細節 不批評、不抱怨、不責備

對於四十歲以下的朋友來說，要做到不批評、不抱怨、不責備這三點，會不會太難了啊！？

對我自己來說，這應該只是一種必備的基本「美德」吧！因為和「批評、抱怨、責備」三種負面特質相比，這種「三不原則」充滿了行動力和執行力。我想給四十歲以下朋友的良心建議就是，你用來批評、抱怨、責備的時間，可能早就足以把問題處理好了，但你不僅浪費了時間，留下來的「怨念」其實才是最傷人傷己的，這點一定要想清楚，並嚴格克己！

此外，我也一直要求自己做到正直誠實、成熟穩重及心態富足這三點，因為這正是最能扭轉批評、抱怨、責備這三種負面特質的方式。

正面的心才能吸引正面的人

我出身大溪農家，一路走來最自豪的就是「堅持到底的精神」，喜歡傾聽自己內在的聲音，並勇敢表達心聲，以熱

情、樂觀、善良、自律……等積極正面的態度，逐一克服人生的逆境。

我喜歡設定目標，不怕困難，相信勤能補拙，不急功近利，堅持過有尊嚴的生活，並和所有人做一輩子的朋友，因此或許外人看我是「得道多助，貴人甚多」，其實我就是喜歡持續地交朋友，喜歡持續地為人服務，久而久之，人家也會對我好，大家互相來互相去，如此而已。

舉一個我母親在世時發生過的趣事為例。

有一年，我八十六歲的母親牙齦出了毛病，某教學醫院建議全部換假牙，然而鄰居一位資深牙醫卻把「行內機密」告訴我，那是大醫院申請健保的手法，其實只要換一顆牙就行了。

我聽了就笑著對他說：「醫生，我二兒子原本要念牙醫，學成後在我家附近開業，本來想搶你生意的，你竟然還這麼大方來幫我們！好吧！我暫時先叫他不要開在這裡好了。」說完，我們兩人一起哈哈大笑。這不就是我以上述三種正面心態留下的善種子帶來的善果嘛！

真心喜愛，辛苦也甘之如飴

坦白講，由於我深愛變化多端的保險業務員工作，所以過去從事外勤時，對於其他人視為苦差事的「一日五訪」（每天拜訪五個潛在客戶）例行活動，我卻是樂在其中。這是讓我得以貫徹不批評、不抱怨、不責備這個「三不原則」的重要原因之一。從中我得到了一個結論，那就是你**必須找一個自己喜歡、熱愛的工作或事業來做**才行，否則要做到這

三點確實沒那麼容易。

也因此我可以很自信地說，保險確實是我真心喜愛的事業。這一點，從記姓名這件事就可以得到印證。我大概只要見過面、講過話，就不會忘記對方（當然需要一些細節和技巧，請見上文），就如上文所提，因為熱愛工作的關係，我從來不覺得記客戶資料辛苦，記憶人名的能力也超越常人。到底能夠同時記住多少人的姓名，我自己其實沒有太在意，不過保誠人壽的同事回憶道：「三萬多名業務員，他幾乎都認得！更不要說總公司內管理、行政支援的一千二百多位同事了。」

很多人問我，為什麼這麼多人信任我，要跟我保險，我想了想，這樣回答他們：「**一個人的可信度是從人品和能力中產生的**。當我們注重發展自己的品格和能力的時候，智慧及判斷力自然而然就會隨著提高，為人處事也就不會錯到哪裡去了。」

以上觀點，提供大家參考。

2. 維護和升級人脈圈

對已經有基本人脈圈的三十幾歲中年人來說，在人脈經營裡，最需要的就是「如何維持人脈圈的穩定和逐步擴張」。

大方向 1　八成人脈都無效，要能人脈斷捨離

現在通訊軟體的發達已經到了無遠弗屆的地步，幾乎每個人都被它綁架。只要「叮咚」聲音一響，就反射性地要回應，不管訊息為何、著不著急、重不重要，都馬上點開閱讀和回覆，耗去你不少的時間和心力。

或是朋友一招呼，你就跟著去，一攤完了再趕第二攤，不醉不歸，直到筋疲力盡之後才反問自己「在幹什麼！」

三十多歲的你，還有多少時光可以如此揮霍！？

說穿了，這是因為我們害怕要是不如此，別人都會離我們而去，結果沒朋友、沒人氣，不但被團體孤立，還可能影響自己的升遷和事業發展……。

然而這樣對嗎？

找到良好的互動模式

其實這都是「做人要合群」的觀念在作祟，人脈經營根本不需要如此，如果對方是你的朋友，就應該建立一個彼此能夠接受的互動模式，而非某一方一昧地迎合，否則失去主導性和包容性的結果就是，當你們習慣這樣的互動模式，哪

天你不參加才真的會變成「不合群」。

所以**拒絕是擺脫無效人脈的第一步**。為了從不必要的應酬解脫，找回屬於自己的時間，這種邀約一律都要明白地拒絕，否則只要有「考慮看看」的想法，最後一定會被拉去，而如果答應要去之後再拒絕的話，反而更會打壞雙方的關係。所以明確地拒絕很重要。

接著就是**發展出一個良好的互動模式**。這一點更是重要，因為這就是在告訴彼此「我們就按這個方式互動、交往吧！這是對彼此最好的往來方法了。」只要這個默契一建立，你們的友誼就能夠穩定發展。

前文提過的羅東小洪就曾經深受應酬所害，為了配合朋友和客戶的需要，搞得自己非常的累，而且老婆小孩也是怨聲連連，就快鬧家庭革命了。他擔心再這樣下去連家都要散了，還怎麼發展人脈？

就在一次和朋友的聚會上，有人提議要舉辦一個邀請家屬共同參與的活動，他靈機一動，心想：乾脆以後就固定由自己主辦，讓其他人參加就好了。在溪邊過暑假的計畫於焉成形，成了他獨創的夏日活動，既陪伴了家人，也招待了朋友，甚至後來欲罷不能，愈辦愈大，來的人愈來愈多，成為他非常有個人特色的「洪式聚會」，被人津津樂道。

不濫用通訊軟體

另外，建議大家可以養成一個習慣：**每天在固定的時間點處理外界資訊**，對工作郵件、通訊軟體和其他資訊都採取在固定時間統一閱讀、回覆的做法，這樣一來，自己的時間

就會空下來許多，大家可以試試看。

接著，**刪掉通訊錄的無用資訊，建立高效社交**。對新朋友來者不拒，對與朋友交往抱著「多多益善」的態度，結果只會讓應酬的時間變長、手機話費增多罷了，對生活和工作卻沒有任何幫助。所以最好先刪掉至少四分之一沒有往來價值的人吧！並將餘下的名單**分門別類，劃分重要等級**，這樣才能提高社交能力，才是成為成功人士的最佳途徑之一。

總之，請認清現實，我們不可能平等地對待身邊的每一個人，因為有的人需要你特別照顧，有的人則不需要你花費時間、資源。在你落魄時仍然願意犧牲時間、金錢和精力幫助、投資你的恩人，自然就是你必須重點經營和對待的VIP人脈，至於酒肉朋友之列的，就不用你浪費時間了。

對人脈關係進行評估和選擇，才能不斷成長。也就是說，必須定期進行人脈斷捨離，才能達到高效社交，把時間和精力用在有效拓展人脈圈上面。我們必須先提升能力，再打造人脈，這其中也包含慎選朋友的能力，唯有這樣，才能擁有高品質的人脈，實現自己與人脈的雙贏。

（大方向 2）建立篩選機制，讓人脈晉級

每個人都有一套立身處世的準則，這個「個人哲學」就是我們賴以生存的準繩，以此為標準，致力成為社會與國家的中堅分子、甚至棟樑。

立身哲學

我立身的哲學有兩類。其中一類就是「**誠信**」，以我從

事的保險業來說，就是帶領客戶買保險，希望讓客戶從簽約那一刻起，就能獲得未來所有用得到的保障，包含醫療、退休保障，也就是藉由專業設計，搭配業務員的說明，讓客戶完成人生目標的規劃。

另一類就是上文提過的**榮譽心、企圖心、感恩心和回饋心**等四心。我從誠信出發，以這種心態做服務和投入公益，到今日算是有一點點小成就，可說是對得起天地和父母了。

話說回來，以上的個人哲學，也就是我和世界連接的點，我必須以這個為基準去開展人脈，找尋志同道合的人一起奮鬥。我從一個真誠的給予者出發，以一生為時間單位，和他人互愛互助，培養出一個用關心和愛滋養的人脈圈。這也是本書一開頭就說明的我堅持的正確三觀，也就是我待人處事的價值觀、社會觀和世界觀。

由此，衍生出四個問題：一是我想做什麼？二是我要為誰而做？三是對方需要什麼？四是我對他們有什麼幫助？

認清這四點，就能找到服務人生的開端，進而發掘其他與你擁有相同價值觀的人，而與人脈拓展及管理形成相輔相成的關係。找到自己的價值感，人脈管理會更有效。 反過來，人脈圈能給你第二次機會，幫你一次又一次校準方向，找到一生的使命。接著就是怎樣利用有限的時間及精力，使用最有效的方法經營人脈，釋放出人脈圈的真正潛力了。

人脈篩選原則

在實務上，人脈篩選可遵循以下幾項原則：

一、利用**關係**區分，最基本的就是血緣關係、地域關

係、同學關係、同事關係、客戶關係，以及其他關係等。

二、用**功能／性質**區分，比方說，媒體人脈、銀行人脈、學校人脈⋯⋯等，甚至高層人脈、同溫層人脈⋯⋯等，不一而足。

三、依據**重要性**區分，也就是由內而外，分成核心、緊密、鬆散和備用關係等。

四、**根據時間變化**區分，也就是以目前與潛在的關係來區分。

人脈篩選注意事項

篩選人脈時，必須注意以下幾點：

一是**不能太單一**。如果只跟同溫層往來，就容易只會抱團取暖，無法突破，連向外求救的途徑都沒有，當然不行。

二是人脈圈最起碼**要區分成事業與生活兩類**，讓身心靈得以平衡發展，不致偏廢。

三是一定要有**財富人脈圈**。經濟能力是能否生存的重大指標，所以財富人脈圈是必需的，不想發展也得發展，否則難道要喝西北風嗎？

四是**要向上、向水平同時發展人脈圈**。多跟能力、視野、專業高於我們及經驗豐富的人交往，才能學習突破現狀的武器。

總結來說，只要確認了個人哲學，依照每個人的心性去發展人脈圈，才可望發展出高效、對自己確實有幫助的獨家人脈。

大方向 3　幫忙幫到心坎裡，才能越級打怪

我認識的朋友中，說到最會越級打怪的應該就是蔡易潔了。她二十來歲就自己創業，而且投資許多行業也就罷了，最厲害的是每一種投資還都能做到該業界的翹楚。

我請教她為什麼能夠跨越這麼多不同業別，而且每個都做得風風火火，讓每個業界的人都佩服得不得了。

她的回覆很簡單也很直接：「對於每個行業，我都是投入後就一頭栽進去，所以才能夠鑽研出最特別、最高階的技術和經營心得。和同業的來往也是，我都是直來直往，從來不隱瞞，高興和不爽都會直接告知對方。也就是說，我的底線很清楚，可以接受就來往，否則謝謝。」我聽了也不由得連連點頭。

她看我沒說話，就繼續道：「就是因為這樣，能夠往來的廠商和原料商，彼此關係都非常密切，交情也非常堅固，因為都是直來直往搏出來的好感情。尤其是那位中型加工廠的老董，對別人就是罵得一無是處還不過癮，遇到我卻是被我的技術和專業能力徹底馴服了，完全沒皮條，所以他才會告訴我說『我罵過所有的人，人生中唯一一個沒有被我罵的就是妳蔡易潔了』。」她得意地說。

也因此，從電線製造廠、燈具廠，到車用中控鎖和防盜器的廠商，都能看到她活躍的足跡，幫忙也都非常到位，不管是原料或是價格問題，抑或共同聯合廠商對抗國際競爭……等各產業最麻煩的問題，她都能夠找出各自利益的最大公約數，讓大家各取所需，各盡其力。這樣的人不能越級打怪，恐怕沒有人做得到了。

經過對這些產業的鼎力相助，她每次的跨行和不按牌理出牌，其實都算是越級打怪了，就有如拳擊場上初出茅廬的蠅量級每次都對上超重量級拳王一樣弔詭，更弔詭的是，每一次那些超級怪物都被她這個小精靈打敗，每每讓眾人跌破眼鏡。

　　更好笑的是，先前其他人的冷嘲熱諷，正好都反襯出她的眼光精準、深謀遠慮。事實證明，這樣一個作風奇特的傳奇女性，不只能夠幫忙幫到人心坎裡，還具備了俠客的氣魄和越級打怪的實力，這才是最厲害的。

小細節　送禮細節多

　　送禮和回禮，是文明社會中很重要的文化，但這之中可是有一些規矩和竅門的。禮送得好，能為雙方感情增溫，否則沒能順利傳達心意不說，還可能造成對方的反感，所以大家都應該好好學習送禮的學問，本文就為大家深入探討。

　　人是群聚的動物，彼此之間一定會有互相幫忙的情形，以便度過種種難關，因此在接受別人的幫助後，很多時候就會送禮，以表達謝意，所以送禮就是一種善意的表示。以下就為大家介紹送禮的八大原則。

必須投其所好

　　這是第一天條，否則弄巧成拙，反而打壞關係，得不償失。別做最笨的送禮者，如果你對對方的好惡不清楚，肯定要多打聽了，這是最基本的。

客製化

一張自製的卡片、自己繪製的對方畫像，或錄下專為對方吹奏的樂曲，都是很好的禮物。甚至我有一位朋友為他的重要客人特製了個人專屬的「桌上日曆」，每一天都有一張客人的照片、畫像、和對方有關的風景照或繪畫，沒花費多少錢，但蒐集、編排、選紙和設計版型卻花了不少工夫，送給那位VIP客戶時，他臉上驚喜無比的神情馬上又被我朋友拍了下來，說要用在下一份禮物上，做到這個程度，你說客戶還會跑掉嗎！

果然還是心意最重要。

親自給

除非是非常特殊的情形，比如說現在處於疫情期間不得碰面，否則當然是親自送上禮物才不會失禮，不然就算是再貴重的禮物，接受者所能感受到的誠意還是少了一大截。既然要送禮了，就親手奉上吧！別差那麼臨門一腳，面對面還能夠親口說出你的心意，保證更能打動對方。

能低調就低調

因為送禮是兩個人或兩方面的事情，屬於彼此之間的情誼交換，所以不需要張揚，否則會顯得怕其他人不知道你送禮給對方，而受禮者如果高調，也會令人感覺是在炫耀，因此不可不慎，低調一點比較保險。

至於回禮，「禮尚往來」也是自然的事情，在這一來一往間，能展現大家的情意與交情，當然也是非常善意的表

現，能促進彼此的情感。不過和送禮相比，回禮多了許多不一樣的意義。關於回禮，有以下四種情形：

禮物等值，時間分前後

這個情形大家非常熟悉，最常見的就是結婚包禮金。通常對方包多少，到時候包回去即是，比較講究禮數的人，有時候會多包一些回去。禮金除了象徵親朋好友對新人的祝福以外，更是以實質的金錢贊助他們「起厝」，下次換贈禮者辦喜事的時候，再投桃報李，回贈回去。換個角度來看，這樣的情形反倒像是一種**借貸**。

禮物不等值，同時發生

這比較像是「**以物易物**」，換句話說也可是某一種貿易。朋友間除了無償的饋贈以外，這種「我喜歡你的一塊玉，拿我的金錶跟你交換」的情況，也是偶爾會出現的，只是回禮的意味就沒有了。

禮物等值，同時發生

坦白講，這就是一種**委婉的拒絕**了，只是很多人不理解也不知道這個意涵罷了。

下次如果你興沖沖送禮物給朋友或客戶，對方笑咪咪地收下後，馬上拿出價值差不多的禮物送你，比如說你送高山冠軍茶，他回送你價位相當的陳年普洱茶，嘿！先別高興，那就表示對方「不接受你的禮物」，這樣問題就嚴重了，你就應該要想想是哪裡得罪人了！

禮物不等值，時間有先後

如果是這樣，才算是真正的贈禮和回禮。

這時候應該要注意兩點：一是**不能立即回禮**，時間要稍晚幾天或一兩週，甚至一個月也行，當然也不能隔太久，否則就失去意義了。二是**回禮的價值不能高於對方送的禮物**，否則就變成炫富，甚至輕視對方了，那又不好了。

我送的禮物

最後，我來說說實際上禮物要怎麼送。以我來說，重點是**禮尚往來，禮輕情意重**。不追求禮物本身的高價值，而要著重在心意。除非是重要客戶，才會選取高貴的禮物，一般就選用當季、甚至具有公益性質的商品送禮即可。

最近這一兩年，由於我擔任「張老師」基金會台北分會的主任委員，因此開始會送一些由張老師文化出版社發行的文創產品當作禮物，日心閱曆、小柴犬和風袋、微笑彩漾杯匙組、微笑束口袋後背包，還有「張老師」基金會五十週年慶的紀念款馬克杯和杯墊組……等等，除了造型非常可愛有型以外，設計感也不錯，重點是都會和公益結合，所得款項還會提出一定比例捐贈出來，做為「張老師」基金會的經費。接下來還有其他相關產品時，也請大家共襄盛舉，一起做公益。

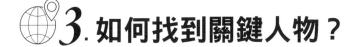# 3. 如何找到關鍵人物？

三十多歲的時候，通常會開始面臨多方面的挑戰，很多時候會需要找到關鍵人物、有力人士，也就是所謂的「key man」，才能達標。這個時候，經過升級和進階的人脈就可以發揮作用，但是運用方法就很重要了。本文將告訴大家一些最實際且好用的方法，讓你的人脈可以展現出真正的作用。

 願者上鉤，留個鉤子，讓人來找你

任何人的人脈拓展其實都是雙向的。

以「鉤子」來譬喻好了，我在南山的業績實力，對想挖角我的公司來說就是「鉤子」；另一方面，如果新公司的新職務對我來說也是「鉤子」，那麼兩者合作的機會就大了。換句話說，如果兩邊都沒鉤子，或只有一個鉤子，那合作很可能就無法發生了。

對我而言，三十六歲到四十歲左右這段時間，確實就是一個「你找我，我找你」、彷彿尋人遊戲一般的過程，箇中滋味是「如人飲水，冷暖自知」，吃了什麼苦也不足為外人道，但只要結果是好的就行了。

再說，沒有那段時間的鍛鍊、磨礪，我大概也不會創立後來的富士達了。總之，一切都是有因緣的。

話說，富士達成立之初，我需才孔亟，為了招兵買馬，就變成要主動向各方尋找關鍵人物，看有沒有人伸出鉤子接受招募。

以下我就請兩位同仁和大家分享進入富士達的經過，也讓大家瞧瞧富士達的鉤子是什麼材料和模樣，如果有人覺得自己的鉤子和我們富士達的鉤子很匹配，非常歡迎將鉤子拿出來對對看，如果雙方都滿意，就可以勾在一起，一起往前駛去。

現身說法一：富士達保經資深副總經理陳一軍

當初認識董事長，是董事長還在南山人壽的時候，當時董事長成為南山人壽的全國第一位總監，是令人崇敬的成功範例。那時，我已經聽過董事長的講課，之後，自己又陸續進入保誠人壽、紐約人壽等公司服務。

董事長成立富士達之前，就已經跟我聊過設立保經平台的初衷，就是希望給客戶一個更好的商品平台，讓業務人員有一個更大的銷售平台，而成立富士達就是希望成為全國最棒、最好的銷售平台。

聽了董事長的願景後，我經過一段時間的思考，而下定決心進入富士達的契機，是我想通單一公司是幫別人，而保經公司卻是一輩子的事業，可以為自己打拚、為客戶打拚，因此決定加入富士達這個保經平台，更成為富士達在台中的第一位業務員。

還記得剛開始的時候，沒人、沒組織，我一切都得從零開始，所以就開始不斷找夥伴、同業，並藉由將公司願景說

明清楚來吸引人才，也就是將購買平台、銷售平台的願景分享出去。

回想那時候，我是從以前的單一保險公司、單一保單的環境跳脫出去，轉而投入保經公司這樣一個大型平台，商品也是五花八門，對於商品的認識日益增多，並強調保障型、終身型的保險。起初，因為很多人還是習慣投資型保單，因此曾經出現一波離職潮。

但由於公司不屈不撓摸索經紀人公司的平台，並帶領團隊不斷挑戰自我，終於逐步壯大。經過了十多年，目前富士達已經有八個直轄處，體系已經有五十五個處，員工約有五百五十人左右。

富士達得以成功打出一片天，主要是董事長對於發展過程相當用心，帶領著外勤主管，不斷、不斷檢視發展的制度與精神，調整得對業務同仁愈來愈友善，也因為制度愈來愈好，也讓我自己與董事長一起堅持到現在。如今，富士達已經擁有相當完善的制度和優良的環境。

一開始，保險公司給富士達銷售的產品並不多，經過五、六年的時間，許多保險公司會主動來接觸富士達，加上董事長、董娘常來台中協助，一個月會下台中相當多次，並持續堅持下去，有了好的商品、好的同事、好的董事長，讓富士達得以茁壯成長。

目前中二區部、中六區部、中七區部、中十二區部、南一區部都是經過我自己的培養，而逐步開枝散葉。

之所以會有愈來愈多人願意加入富士達，主要就是富士達有五大學院、三大研究所，所有新人進來富士達，有了考

照輔導班、美元保單輔導班、產險輔導班、投資型保單輔導班可以參加，就可以專心準備考照。

富士達注重人才培育、專業課程，所以不斷舉辦稅務課程、產官學課程等等，很多公司的大老闆、大學教授都親自來授課，讓更多同仁可以聽到寶貴的實戰經驗。

而富士達推出優化4.0，更是一個好的制度精神，讓同仁可以放心、安心地發展終身的保險事業。

目前富士達在中南部的據點，已經有台中、彰化、嘉義、台南、高雄，更積極在高雄買辦公室，讓富士達的服務範圍更為廣大而深遠。

另外，就是董事長、董娘的真心真意，除了工作之外，平常相處更像是兄弟、夥伴，讓人得以專心於發展事業。

也因為富士達愈來愈好，現在就是希望讓更多人相信富士達可以成為最好、最棒、最專業的保經公司，進而培育更多優秀的人。

現身說法二：富士達保經行政三部經理趙佳慧

我以前在會計師事務所擔任財務，可說跟保險完全沾不上邊，也對保險完全不了解。

因緣際會下，我在二○○七年九月進入富士達服務，剛開始相當辛苦，但這五、六年來，愈來愈穩定，成長的情形更說是整個業界都有目共睹的。

我剛進公司時二十八歲，如今已邁向四字頭，之所以可以在一間公司待這麼久，主要是因為在富士達可學習到相當多有關溝通的技巧，相對於剛進入社會時，我在這十多年來

有了相當顯著的成長，不管是處理事情、與業務員溝通都日益成熟。

而且這十多年來，我學習到最重要的一項技能就是「站在舞台上講話」，由於董事長要求內勤員工在每週一的晨會要輪流討論當日的主題，或事先提供題目，讓我們可以先準備題材，因此所有富士達的內勤員工，現在都可以輕鬆面對幾十個以上的人講話，而且都能侃侃而談。

在富士達十多年的過程當中，我先擔任兩年的財務，之後轉到業務行政做了七、八年，前兩年再度回歸財務領域，在這段過程中，我也看到公司的蛻變與轉型。

剛開始公司的營運狀況是支出、收入沒有很平衡，所以所有人都想盡辦法節流，像是地毯自己鋪、網路線自己接、油漆自己漆，什麼事情都得自己來，慢慢學習，這段時間也是成長最快的時間。

而能在富士達這麼久，跟董事長、董娘是很好的老闆絕對有關係，他們不會給人高高在上的感覺，相處起來不會令人戰戰兢兢、心生畏懼，相對的，他們都相當好溝通，加上公司同事間的相處也相當和諧，因此每個人都能安心地往自己的目標邁進。

董事長、董娘都會以身作則，常常對外付出相當多，假日還常跑北部、中南部，也因為公司上下齊心協力，所以相較於草創期，現在每個月的營收已經翻了無數倍。

另外，公司的福利更是沒話說，福委會的經費是公司全數包下，同事完全不用出任何一毛錢。

至於具體的員工福利則包括：每週一次的下午茶、不定

期的聚餐、不定期的包場看電影，有時候還會舉辦密室脫逃活動，還有到台北101的隨意鳥地方聚餐。為了兼顧員工的健康，公司讓員工可以去打羽毛球、到健身房運動，並且可以提早下班。另有不定期的烤肉活動及小型旅遊，像是有一次到淡水，董事長還發給每人一千元的購物金，讓員工可以開心遊玩。

而大家最在意的年終獎金，則固定有三、四個月以上，還有生日禮金、每月慶生等等，從這些福利都可以看到富士達對員工的付出與支持，讓員工無後顧之憂，可以專心地打拚事業。

來到富士達以前，我曾經做過三、四個工作，到了富士達之後，即使工作有時會遇到瓶頸，但都會全力靠自己調適與克服，加上富士達的環境很舒服，人與人之間不會勾心鬥角，是工作起來很快樂的地方，所以會讓人想堅持下去，不會輕言放棄。

記得十多年前、還在會計師事務所工作時，每到週日晚上，我都會有莫名的焦慮感，因為隔天要上班了。但到了富士達之後，這個問題就自動消失了，在這麼好的工作環境，我希望可以貢獻所學，一直做到退休那一天。

大方向 2 建立「六度人脈網」，突顯自身價值

在我們急著尋找「關鍵人物」的時候，會用到許多技巧和方法，但我們很可能都只是想從這些對象身上獲得「很多幫助」而已。這都是屬於利己的想法。

因此我們可以回頭思考一下「為什麼要拓展人脈？」這

件事情的初心是什麼？只要能夠釐清這點，獲得更高的視野和格局之後，等於從台北101底層搭光速電梯，一下子就可以上升到雲端，看盡人間，也被人間看盡，自然認同者就順勢被吸引來了，「關鍵人物」也會不請自來了。

所以我們這個尋人方式就是「**將自我的高度提升到極限**」，讓自己非常容易被發現，成為大磁鐵，然後將關鍵人物吸過來，任務就達成了。這個方式就是「**六度人脈網**」，也就是由「六度人脈」衍生出的方法。

「六度人脈」理論

這個理論是美國微軟研究院首席研究員鄧肯瓦茨（Duncan J. Watts）教授提出的。意思是說，世界上任何互不相識的兩個人，平均只需要六個中間人就能夠建立起聯繫，再加上網際網路的加速和推波助瀾，可縮短到了三點五個人就能建立起聯繫管道。由此可見，要找到一個關鍵人物，根本不算是難事了。

然而在這個簡單的推論底下，「六度人脈」更應該是一種人脈關係哲學才對，剛剛說的「將自我的高度提升到極限」才真正是六度人脈的基礎。

要怎麼提升自我呢？大家可從四個基本面向來思考：一**是我想做什麼？二是我要為誰而做？三是對方需要什麼？四是我對他們有什麼幫助？**很多人看到這裡應該就懂了，這四者就是前面介紹人脈篩選時就提過的。沒錯，這就是六度人脈裡要讓大家提升的四大面向，兩者是一樣的，只要想通了，在自我提升時就會水到渠成。

以我自己來說，我提升自我的動力和出發點就是上文提到的「榮譽心、企圖心、感恩心和回饋心」。你的答案呢？請自己去尋找。

開拓六度人脈網的注意事項

接下來，我要分享實際執行六度人脈時該做與不該做的事項，切實遵守才能突顯自我價值。我將重點整理成下表，讓大家一目了然，以後運用起來也可以早日得心應手。

步驟	主題	注意事項
1	尋找任何人	1. 不可有功利心態 2. 關係拿捏不清楚，會招致反感 3. 缺乏準備，不會互動，將沒有效果
2	和誰一起決定走多遠	1. 分享利益，提供服務，達到目標 2. 對方是誰很重要 3. 正確選擇關鍵人物
3	客戶才是關鍵者	1. 付出與服務 2. 分享與為人宣傳 3. 毅力與耐性
4	決定你價值的第二人	1. 擬定第二人名單 2. 抓住機會提供服務 3. 進行高效活潑的交流
5	決定成敗的首次見面	1. 整飾儀容第一重要 2. 確認對方的類型 3. 不同類型不同交流手法

步驟	主題	注意事項
6	注意首次見面效應	1. 態度真誠才能贏得真心 2. 先為對方服務，介紹自己的人脈 3. 自信與微笑，率先伸手掌握主動
7	首次見面法則	1. 展現最佳狀態 2. 簡潔直接地表達 3. 悠閒的環境能夠爭取好感
8	傳遞人生價值	1. 正確的三觀影響成敗 2. 成為價值樞紐站 3. 不卑不亢成功率最高
9	人脈升級	1. 要有布局才能擴大人脈圈 2. 多參加演講、座談和相關社交活動 3. 要有使命感，隨時傳遞自己的三觀
10	人脈加乘效應	1. 多給予，多感恩 2. 適當傳遞訊息給你需要的人 3. 正確打造人際平台
11	強化自身磁場	1. 歡迎被利用 2. 心態平和，包容與謙卑 3. 和對方一起進步
12	六度黃金人脈	1. 強化優勢，集中發揮 2. 有同理心，換位思考 3. 細心、認識自己

大方向 3 用人脈網持續幫助人

　　三十六到四十歲之間，雖然遭遇到工作上劇烈的變動，和不同程度的挫折與困難，我依然用自己的人脈網絡持續投入公益。

換句話說，投入公益，正是讓我得以堅持下去的真正原因。當然，這是我度過那些危機之後，回過頭來才領悟的。無論如何，做公益讓我體會到存在的價值，也更具抗壓性和靈活性，所以我才應該和那些我曾經幫助的大朋友、小朋友說一聲「謝謝你們讓我更堅強」。

擔任家長會會長，看見孩子的煩惱

我四個孩子讀小學、國中、高中的階段，我曾擔任八任家長會會長，與學校互動頻繁，經常參與學校活動，因而發現原來各個家庭的差異可以這麼大。孩子讀國二時，學校發生一件悲劇，至今我都忘不了。

有位一年級的男同學，因為不滿老師的管教而自己結束了生命。我們在關心這個事件的過程中得知，男同學的父母離異，孩子後來和阿嬤同住，並由姑姑照顧。由於父親平日忙於工作，沒有太多時間教導孩子或陪伴孩子，導致孩子有些不良的生活習慣並帶至學校，有時坐沒坐姿，站沒站相，經常被老師糾正。有天這孩子本來就不開心，在校又挨老師責罵，結果回家後竟想不開尋短，結束年輕而短暫的生命。這件事已過去快二十年，我仍常常想起，每每心痛無比。

其實，有些孩子的問題，是受到家庭成員互動不佳的影響，如果學校能及早知道孩子的家庭狀況，多給予關心，用另一種管教方式幫助孩子導正行為，或許會有不同的結果。

當然，這麼多年觀察下來，我知道要改變一個家庭的結構是困難的，有時也蠻無奈。我們能做的就是多給予孩子心靈上的鼓勵與支持，讓他們能面對自己的困境。尤其青少年

時期的孩子正處在一個轉變或不變的尷尬期，即便正常家庭的小孩都會有所謂「少年維特的煩惱」，何況一個還要面對家中壓力的孩子呢？他心理上的困難可想而知。

學校中也有不少孩子因為家庭因素沒有早餐、午餐吃，或因為父母上大小夜班之故，無法陪孩子讀書，許多孩子連自己的名字都寫不好，九九乘法也背不出來，我會請老師特別關照這些孩子。

我從小家境雖不太好，但兄弟姊妹間不會口出惡言，或欺負別人、找人麻煩。然而擔任家長會會長期間，卻看到許多人間悲劇，有些孩子在學校會沒來由地打人、口出三字經，有些行為語言可能炮製自父母的言行。父母經常用三字經互相飆罵的、價值觀偏離的，都會直接影響孩子的品行。

幫助需要高度關懷的孩子

擔任家長會會長時，每年我會捐出幾十萬元給學校，希望幫助有困難的在校生，也會建議學校增加輔導室的預算，讓一些需要高度關懷的孩子，能受到校方多一點的關照。我也建議校方，為不愛讀書的孩子，設計一些體育或戶外活動讓他們參與，例如：攀岩、打籃球、跑步等，不愛讀書沒關係，但身心健全發展更為重要。

以前的我也不是一個會讀書的小孩，家境並不富裕，儘管也認真讀書，但是有很多都讀不懂，又沒錢補習，因此考試成績都不好。可是我生性樂觀，喜歡結交朋友，做人熱心，愛玩也愛辦活動，尤其做人處事就是只問付出不問收穫，所以人緣很好，做什麼事情都感到快樂，長大至今，個

性都是這樣。所以即使沒有小時了了，但因為我有健全的身心，如今也打出一片天，光就讀書來說，也拿了三個碩士學位，我想我有資格告訴大家，不必執著於成績，出身不好也不必喪志，路是人走出來的。

總之，這些投入公益的過程，我不僅僅感動，更是感恩。感動老天爺讓我有機會去做服務，感恩這些朋友願意給我機會服務他們。我希望大家也能體會這樣的善循環，一起讓社會更好、讓國家更棒，這是我在發展個人事業之餘的一點期許和做法，和大家分享。

⟨小細節⟩ 人脈管理，從名片開始

對於發名片，我最深刻的記憶發生在轉行成保險業務的時候。

當時，我前兩個月完全都沒有業績，但我要求自己，**每天堅持至少發出一盒一百張的名片**，不但如此，我還要求自己每天至少拿回三十張拜訪過的客戶的名片。

廣發名片，並註記分類

這些名片我都會做記號分類，**用英文字母表示客戶投保意願的高低，用阿拉伯數字表示徵員的可能性**，結束拜訪後，再依名片上的分類註記聯繫。每天如此堅持的結果，再加上「撫遠街瓦斯爆炸事件」的發生，第三個月，我終於做成了第一張保單。

這裡要說明一下，在事件發生之前，其實我已經對該地區做過地毯式拜訪，對該區已經有了基本的了解，所以當事

件發生後，我才能很快就判斷出哪些店家是成功性比較高
的，然後再做進一步的拜訪。

換句話說，店家對我也不會完全陌生，早已對我做過初
步的觀察了。所以我的第一位客戶也對我有些許印象，等到
事件發生之後，我再去拜訪，因為那時候大家對保險的需求
大幅上升，我適時地出現，再詳盡地解說之後，大哥才會決
定投保，成就我人生第一份保單，幫助我邁出人生最重要的
一步。可以說，一切都是發名片和蒐集名片的功勞。

我自從開始擔任保險業務後，整整兩年沒有休息，每天
持續發名片和蒐集名片，最後手中終於累積了三萬張拜訪對
象的名片，也發出七萬多張名片。經由這樣的堅持，才讓我
建立了廣大客戶群的人脈基礎，而這也是奠定我往後事業基
礎的基本功，可以說，我是全憑陌生拜訪起家的。

讓拜訪對象開門的訣竅

這裡透露一點個人的小技巧，為了增加拜訪對象開門的
機會，**我夏天時就借水喝，冬天則改採借廁所**，以此為由來
達到進入客戶家門的目的。但是現今社會人心難測，很多人
會問這樣的方式還有效果嗎？我都笑著回答：「不都說伸手
不打笑臉人嗎？這個道理相信在今天還是沒變的。要打開客
戶的心防，重點是業務員在銷售過程中，是不是能讓客戶覺
得很放心。」

最後，說明一下我現在的名片管理方式。現在我習慣將
拿到的名片掃描後儲存於手機中，同時將其分類，並且進一
步註明時間、地點、個人特點、談論話題，建立檢索目錄，

如此一來，後續交往要使用時就非常方便了。就算很久以後
再碰面，都能馬上檢索出相關資料，喚起記憶。如此不但讓
人感到貼心又親切，也不會疏離冷漠。這個技巧請你一定要
學起來。

# *4.* 人脈變金脈的訣竅二

隨著社會經驗的增加，三十多歲的人除了已有人脈圈基本盤以外，只要人氣不會太差，或多或少一定都會出現可能合作的機會，差別只在於能否掌握時機、把握住機會，將人脈轉換成金脈。

下文延續二十世代人脈變金脈的大方向與小細節，和三十到四十歲的朋友繼續分享人脈變金脈的訣竅二。

大方向 1　人氣才等於錢脈

人緣好，人氣佳，人家願意幫助你、甚至投資你，成功的機會自然增加，也才有可能幫助金脈的建立，這道理非常容易懂，但是人氣建立可非一朝一夕的事，只有一步一步往前進，建立口碑，獲得信任，才有可能受人擁戴，成為「人氣王」。

兩面不討好的中層主管

以我自己來說，在三十多歲這個年紀，在職場上多半處於「中層主管」這個階段，上有高層，下有基層，等於是夾心餅乾。太偏向長官，會被同事和部下說拍馬屁、走後門；但如果太傾向下屬和同仁，又會被長官和高層歸類為不聽話、辦事不力者，成為黑五類，那就麻煩了。

所以有如夾心餅乾一樣的中層主管，彷彿註定要被嫌棄和被誤會了一般。更普遍的情形就是上有老、下有小，一旦

丟掉飯碗立即斷炊是司空見慣，日子過得是如履薄冰。

這樣的矛盾、難題，乍看起來是無解，但只要拉長視野，其實一點也不困難，只要做到一件事，它就會自己迎刃而解，自動搞定。解藥就是持續做公益，只要一直做下去，困境就會自動消失。

一起做公益建立革命情感

在我三十五歲、還在南山人壽擔任處經理的時候，兩個兒子正就讀小學，我深深感受到給孩子一個健全成長環境的重要。基於「老吾老以及人之老，幼吾幼以及人之幼」的精神，加上我本來就立志要投入公益活動，所以在我知道位在天母的天主教聖道育幼院常年需要白米、生活用品、衣服等物資之後，每年都會帶著處裡的同仁和我太太，一起為育幼院舉辦兩次募資活動，我們及員工的孩子也會一起參與。

有次兒子問我：「爸爸，他們為什麼要住在這裡，而不是在家和自己的爸爸媽媽住在一起？」我和兒子說明的同時，也知道透過父母的身體力行，幫助一些需要關懷的孩子，這樣的善種子已經潛移默化地種在他的心中，讓他體會除了珍惜現有的資源，也要學會關懷別人。

雖然當時我的能力很有限，四個孩子嗷嗷待哺，還有房貸壓力，但我沒想那麼多，就是在能力範圍內，盡可能去付出關懷，能做多少算多少，並不因為自己能力有限而不做。在我的心中一直有個觀念，只要我們願意幫助人，不論你是付出一百元、還是十元，你的愛心都是無價的。

這種公益行動，不只孩子看到，員工、屬下和其他同事

也一樣看在眼裡，都知道我們是真心誠意地做公益，更何況大家一起來，更是**建立革命情感的最佳機會**，會不認同的應該不多，如此一來，他們會不愛戴你嗎？

當然，這樣隨之而來的人氣只是附加的，往往是「無心插柳柳成蔭」，能夠幫助你在各方面順順利利，我就是這樣得道多助的。由於我和同仁一條心，互相幫忙，整個辦事處裡士氣高昂、生氣滿滿、歡笑連連，業務自然蒸蒸日上。每個人都因為樂於幫助人，反而獲得最實質的經濟回饋，說出來很多人應該都不相信吧！

無論如何，這確實是一個好方式，請大家想清楚後務必立刻行動才是。

大方向 2　如何值得被人挖角？

三十多歲的朋友，經過五到十年的歷練和打拚後，因為專業和經驗增加，很多都會面臨轉業的問題，尤其是跳槽或被挖角的情形。本文排除其他的情形，只從人脈拓展的角度，討論能被挖角的主要原因。

以我自己來說，進入社會工作十四年後，也就是三十六歲時，我做到南山人壽的業務總監。回想這十幾年的歷程，大致上就是持續服務拜訪過的客戶，並和聽過演講、同單位共事過的主管及同事，一起慢慢摸索，累積經驗。

在成立自己的處辦公室後，我開始教導同仁如何取得客戶的信任，並將保單銷售出去，以及如何做好授權與售後服務。我一樣還是那句老話，就是**持續不變地服務原來的客戶，固定陌生拜訪、開發陌生客戶**，但因為人脈圈經過十來

年的奮鬥，已經愈來愈穩定和擴大，因此能夠找到愈來愈多志同道合的人一起加入這個大家庭。

其中最值得一提的是，我從陌生拜訪的客戶中發現，其實有很多本身沒錢購買保險的人卻對這個行業充滿了好奇和興趣，於是我邀請他們一同投入保險行業。到底投入保險業的人之中，真正做得下去的比例是多少？答案應該很多人都想知道吧！

依我經營保險四十年、輔導過二十幾萬人的經驗來看，答案是大概百分之五左右。這裡所謂「做得下去」的定義是最少要在這個行業待滿十年以上。這個數字我也不知道是多還是少，但它真正的意義在於，每個行業都不簡單，想要屹立不搖，成功的祕道就只有一條──**持續地在同一條道路上服務**。而我選擇了保險和公益這二合一的道路，並且一條路走到底，數十年如一日。

回到前面的話題，在我成立自己的通訊處辦公室後，短短三年之間，辦公室的規模從六十人擴充到接近兩百人。在第十年時，員工已經接近一千人，還增加了新的辦公室，一個月的保費營業額最高可達近五千萬。也因為達到了這樣的規模，大大幫助了公司組織發展臻於成熟，員工訓練也更加完善。有了這樣的基礎和條件，我後來才有可能轉戰其他保險公司。

所以要怎樣才有資格被挖角，才有機會選擇更好的環境和發展空間？答案說到底還是掌握在自己手裡。當然，運氣也很重要，好比說，你可以看到我的書，而這些內容對你有

啟發，你也真正行動了，並照著我提供的經驗和方法，找到自己的方式一直走下去，那就不用擔心這個問題了。因為你的服務一定會有人欣賞的，那些人就是你存在的意義和人生價值的來源。人生不就只是這麼簡單？你愈簡單，以後才會愈不簡單。

大方向 3　好 EQ 帶你上天堂

三十世代在人脈經營上最容易犯的錯誤就是「失去耐性」。這往往是由於已經有了一些經驗，且相關專業也獲得初步認同了，所以對未來基本上是信心滿滿，認為一切都已經掌握在手中，可以大幹一場了，在這樣的志驕意滿下便失去耐性，不肯培養好的情緒智商（EQ），謀定而後動，只想趕快往前衝，以證明自己的能耐。

等到橫衝直撞幾年還是沒有成果，到了差不多四十歲的時候才發現，不但人脈發展沒成果，還得罪很多人，搞不好和朋友都鬧翻了，金脈當然也連帶受拖累，才悔悟到原來「長輩的話是對的」，這時候哪來得及？

好EQ讓你熬過低潮

以我自己來說，三十六～四十歲這個階段確實也是人生變動最大、好壞參半的一段時間。那時候壓力真的很大，大到我自豪的樂觀與進取幾乎要消磨殆盡。但我比較幸運的是，因為在年輕時已經知道EQ的重要性，不管在事業上、人際交往和人脈經營上，甚至遭遇挫折的時候，我都能夠盡

快調整和適應，以最快速度走出來，重新開始。

即使如此，那幾年低潮也讓我真正看清自己的抗壓性和靈活性的極限，是一段非常好的鍛鍊期。幸好，最終我樂觀的個性戰勝了這些磨難，才得以更上層樓。

至於為什麼我能夠挺住，主要是因為我認知到**把事情做好最重要**，當中的過程有什麼問題或摩擦都不是重點，唯有**將非理性因素減到最少，才能完成使命**。

只要有這個認知，久而久之，做起事來就慢慢不再受情緒和不理性影響了。不過關於這個部分，可能是我的體會配上我的個性剛好可以讓自己調適，有些人如果真的無法適應，那就建議要找人諮商了。這時候「張老師」基金會的1980專線就可以派上用場。建議大家真有需要就去使用，或許可以找到自我調適的好方法。

在這裡特別向男性朋友呼籲一下，有苦千萬不要自己背，有任何問題都可以求救，現在有一個專為男性心理需求設立的輔導單位——城男舊事心驛站（網址：http://taipeimencenter.1980.org.tw/；粉絲團：https://www.facebook.com/tpmencenter），非常專業，而且完全不需要費用，歡迎多加利用。可惜我那時沒有類似的機構，不然去和他們談談都非常好，起碼可以抒發一下鬱悶的心情。

好EQ讓你積極面對挑戰

話說回來，「人往高處爬，水往低處流」，因此我在三十六歲時決定挑戰自我，到另一家公司擔任執行副總。這等於是連跳五級（協理→資深協理→副總→資深副總→執行副

總），外人看起來自然非常羨慕，但我真正接觸這個工作後，那個為自己高興的情緒就馬上煙消雲散，而陷入愁雲慘霧中了。

因為到了這個崗位，我才徹底知道自己的不足。簡單說，執行副總這個職位除了是高階主管之外，也和原來單純的業務工作不一樣了，等於是轉成行政職，也就是內勤了。雖然不用擔心業績，卻有了完全不一樣的壓力。

我的職務除了要了解公司商品，更必須熟悉員工考核（KPI）、銷售額的定義與計算標準、保單的內容與品質、為整個公司的業務與內勤提供教育訓練、控制理賠率……等等，都是以前完全不用思考的工作內容，與以往單純的外勤人員工作內容相比，工作變得更加複雜且沉重，即使知道職位愈高責任愈大，但那沉重感壓得我快喘不過氣來，而且還不能和外人說，那才真是最大的壓力。

此外，我還要為公司招兵買馬，招募內勤和外勤人員，這些事情既龐雜又艱鉅，因此就算有特助協助我，我每天還是必須工作超過二十小時，才能處理完畢。追根究柢，就是在轉戰內勤的過程中，我對於專業知識有太多的不了解，再加上與老闆、同仁溝通時常常發生衝突，執行事務也時常遭遇瓶頸，甚至在業務單位也存在信用方面的挑戰。

這種情形沒別的解決方案，只能慢慢調整。在特助的協助下，我快速了解專業內容，進入狀況。與員工的部分，我則是耐心地和內勤私下溝通，建立人脈與信任，最後才逐漸培養出彼此間的默契，而終於熬過來。

（小細節）**有好關係才有好未來**

　　這個單元，我要特別來談談如何與他人保持良好關係，因為唯有先成為友善的人，才能讓他人願意協助你，這是很自然的良性循環。至於我們要如何變得友善呢？特別是當我們已經小有成就，或者有了一點社會地位，很容易會因為一些成見和社會風氣的影響轉為保守，不願意與他人良好互動，因此我們要與他人保持良好關係的動力之一，就是要維持良好的EQ，否則容易陷入自私自利的境地。

　　面對任何事情都不會被目標以外的事情影響，只一心一意朝著目標奔去，過程中會很冷靜去除不理性因素，使目標更容易達成，這就是高EQ。這樣的人才會吸引人願意與他共處，成就共同的事業。

　　當我擔任執行副總的時候，儘管面臨內外艱困的不利處境，我依舊利用良好的EQ判斷當前的局勢，然後決定無論如何都要展現善意，與同仁保持良好關係，以突破這個不利的局面。

　　這個關鍵就是我決心打造一個「幸福企業的文化氛圍」，而重點就在於「同理心」的展現。我把我的姿態放低再放低，讓整個公司氛圍更為融洽。舉例來說，有兩個主管的父母生病，其中一位主管因親人癌末，所以我讓他多放一點假，好多點時間照顧親人；而另一個主管的家人後來過世了，因此我找了高階主管出席告別式。這些能協助、通融和變通的地方，我統統做，讓同仁可以安心處理事情。

　　因為人要**將心比心**，同仁出了問題，就要當作家人一般

對待，展現你的同理心，這樣他才能在公司繼續安安心心地上班，向心力也會更強，以後會更願意留下來。

總之，**要有惻隱之心、同理心**，才留得住人才，團隊也才有向心力，進而讓保單繼續率可以**屢創新高**。當內勤同仁能夠全力協助外勤同仁，外勤同仁感受到內勤同仁的用心，內外合作下，讓業績愈來愈好，對公司的向心力也是一大助力。若是關係變疏遠，往往就要花更多時間才能回復。

因此我都謹記不要苛責朋友、家人、同事。隨著時間變化，人是會不同的，工作環境、生活環境、接觸的人已經不同，所以如何篩選志同道合的人很重要，能集合有實力的人，組合成五人或十人小組，就一定可以激發出很多火花。

5. 自身經驗：政大EMBA

還記得就讀位於深坑的東南工專時，我只要往返公館或台北一定會經過政大。那時候的政大校園和附近區域環境清幽，是很優質的文教區域，雖然略顯偏僻，卻是念書和居住的理想地方，所以我內心都很羨慕能在那裡上課的學生和居民，內心暗暗下定決心，將來有機會一定要來念這所學校。

二十年後，這個夢想終於達成了。

學以致用，職場破關

話說我還不到四十歲時進了保誠人壽擔任高階主管的工作，做內勤、掌管整個業務部門時才驚覺，要趕快修補專業學分，不讀書真的會跟不上，尤其到了跨國外商保險公司，要求更高、更專業。

首先，我報表看不懂，公關術語也聽不懂，財務管理、組織管理的專業名詞，看了也不明白真正涵義。

再者，除了要學會看懂財報外，擔任外商公司CEO、領導人還需要很多專業知識支撐，例如：教育訓練費用、年度財產折舊攤銷，會計要如何呈現？不僅要看得懂，還要知道這樣編列是否正確。而二十幾個副總定期會報、簡報，績效、費用與員工績效考核之間也有科學的計算方式……。

至於小細節的部分，還包括人力資源的360度評核，任何一個人進來，一定職務的主管要打考績，還包括財務、人

資、行政、業務系統同時打考績，直屬主管占百分之五十，其他主管各占百分之十二點五，所有升遷、考績、獎金都按照這套完善的制度進行。

老實說，到外商保險公司的第一年絕對是「震撼教育」，若不繼續讀書、增加專業知識，一定會被淘汰。以上種種，都讓我感到有必要重新學習和大幅提升自己的迫切性。而我也非常幸運，獲得公司的協助和允許，得以進入政大攻讀EMBA。這個轉捩點開啟我人生下半場的求學之路。

事實證明，到政大讀書陸續學到了有關人力資源、行政作業、財務管理……等相關事務，等到EMBA讀完，很多事情就迎刃而解。

體會學習之樂，激發求知熱忱

我是二〇〇五年進入政大EMBA（經營管理碩士學程）的全球華商班就讀的。政大EMBA全球華商班的學程非常特別，一個月在台灣上課，一個月則在香港、新加坡、北京……等亞洲各地的大學進行異地教學。這種方式不僅讓我眼界大開，啟發了我對學習的異常熱忱，更種下以後進入北京大學和台大念EMBA的種子，甚至產生七十歲去哈佛深造的念頭。

話說當時，這些課程中都有大量創新創業的知識，也能夠讓我完全學以致用、現學現賣，可說是收獲滿滿。我就像一塊乾渴了二十年的海綿，一直一直一直吸收知識的海水，永無止盡地吸收就是了。這給予我極大的滿足，滿足我對知識的需要。那種成就感與滿足感，真的只有自己經歷過才能

深刻體會。

那時候的我，徹底地知道了「原來我對學習這麼有興趣，這真是一件太有趣的事情了，我一輩子都不要中斷，我要繼續下去」。

結交頂尖人士，人脈三級跳

因為念EMBA，我的人脈圈也大大拓展了。不只同學圈的同學而已，連商管學院的老師和院長也成為我的好友，比如說，當時的商學院院長周行一、EMBA執行長張士傑兩位指導教授，還有司徒達賢、吳安妮、林祖嘉三位師長也都在我學習過程中給予諸多提點，我真是銘感五內。

最特別的是，我還記得林老師「有做就一定會有結果」的教誨，畢業後兩人仍然一直保持聯繫，除了老師不時的口頭指導，看著他擔任陸委會副主委、國發會主委時雖遇到許多困難，也都一一克服，那樣的姿態帶給我很大的影響。

最令我高興的是，我甚至和周行一（他後來成為政大校長）成為摯友。一直到現在，兩家人都還是通家之好，成為一輩子的夥伴。一想到這件事情，我到現在仍然感動無比。

尤其他很喜歡我在宜蘭三星的農莊，常常來和我們夫妻一起打迷你高爾夫球，甚至有時候也會客串農夫，和我們一起打理農莊裡的蔬果。

周教授更是國內知名的財經專家，除了我上一本書《一堂5000萬的課》邀請他寫序以外，我還時常邀請他來做專題演講。比如說二〇二〇年十一月二十四、二十五日，由富士達保經主辦的「二〇二一年度策劃會報暨領袖極峰頒獎

典禮」更特別邀請他蒞臨授課，針對「疫情與全球經濟」進行二〇二一年景氣概況深度剖析，協助所有同仁儘早做好準備。

另外，由我擔任理事長的「中華保險服務協會」舉辦的二〇一七年專題講座活動也邀請他來以「川普政策與全球經濟」為題，分析、解讀美國的川普政策對美國及全球經濟發展的影響。他精闢的論點受到極高評價和極大迴響。

我在政大EMBA除了上課，還被選為政大EMBA的義務招生代言人。或許因為我那時已是外商公司總經理，年紀也還不到四十歲，形象還算清新，所以才能雀屏中選。總之，幸運的我就這樣透過廣播電台、雜誌、電視、甚至公車廣告協助學校招生，還算出了一陣子的鋒頭。感謝大家的照顧和師長的提攜。

因此本著「一日政大人，終生政大人」的精神，我即使因為經營事業，長期在台灣和海外各地奔波，還是常常回母校。除了擔任商學院企業導師，也出席過周行一、郭明政兩位校長的就職典禮，最近一次則是二〇二〇年五月二十日在四維堂舉行的九三校慶慶祝大會暨全球校友Online。簡單講，四維堂，對我來說就是團聚的地方。

後來，我還擔任政大臺中校友會發起人之一，現在還擔任理事長。這主要是因為我認為母校有著優良傳統，校友會的功能就是讓大家聚在一起，為社會、也為政大盡一點心力、做一點事。我也希望校友會能夠多辦活動，更期待引導原本沒有參與的校友，進來這個溫馨的園地。

感謝政大，完全開啟了我的學習熱忱，讓我成為一個真

正意義上的「終身學習者」，人脈圈更是往上提升了好幾個
檔次。

Part 4

四十歲以上的人脈金庫術：中高階者人脈金脈的鞏固與加強

四十歲以上的人脈拓展和之前最大的不同就是，以前是你找人家，現在是人家找你，也就是說，你必須學會過濾人脈、運用人脈和再發展人脈才行。

在這個階段，人際往來會有更多媒合和合縱連橫的情況，這種串聯的功夫將成為重點。但沒有人永遠吃香喝辣的，跌跤也是正常的，也因此「求救」這件事情反而顯得重要。在本篇，我將分享如何鞏固與強化人脈網路。

1. 四十歲以上的人脈特點

人過四十要注意身體的保養和健康的維護，人脈也是一樣，要重質又重量，人脈瘦身勢在必行，才能讓人脈發揮更大的作用，並且讓人脈升級，放大自己的視野和格局。

大方向 1 優化社交結構，鄧巴數的一百五十人綽綽有餘

牛津大學人類學家羅賓・鄧巴（Robin Dunbar）透過研究發現，人類由於大腦皮質層發展的限制，能接受的氏族群體人數落在一百至兩百三十人之間，平均則是一百五十三人。就統計來看，一百五十人在可預期誤差範圍內，也就是說，一百五十人是人類社交人數的極限，並以研究者鄧巴的姓氏稱其為鄧巴數（Dunbar's Number）。

其他研究也顯示，將一般人聖誕卡寄送名單上的家庭之所有成員加起來，總數也大約是一百五十人。

這表示我們**若要維持高品質和高效率的社交，來往人數就要控制在一百五十名左右**。換句話說，優化人脈社交結構圈就是以此為基準，若超過這個人數太多，長久下來，就會產生無效社交的情形，因為我們根本無法負擔。

如果你的人脈圈人數超過鄧巴數，自然就該進行優化瘦身了，將自己想要維持緊密關係的一百五十人找出來，並加以分類，一般建議可以分成戰友、知己和好朋友三類，以提

高社交效率，然後好好經營。當然，數字不是這麼絕對，只是一個參考，多些或少些都無妨。

戰友、知己和好友

　　在挑出人選之前，你需要先做一張人脈分類表，內容要包括親密度、名字、角色、職業、地區、行業、影響力等欄位。以下是示範表格，請大家自行延長表格長度。

人脈分類表

親密度	名字	職業	地區	行業	角色	影響力

　　其中，影響力指的是**對方在他所屬領域的影響力**，分為弱、中、強；和你的親密度也分為疏、中、密。凡是他在所屬領域的影響力是中等或中等以上，以及你和他的親密度是中等或中等以上，就應該選入鄧巴人脈圈之中。

　　選出一百五十人後，請從中挑出五個戰友，就是你可以生死與共、肝膽相照的那種，也就是我們常說的換帖兄弟、過命交情者。

接著，請選出四十五位你對他們有濃厚興趣、很想深入交往的朋友。

最後，就是你想持續關注的一百位朋友。

如此一來，你就成功挑選出了一百五十人鄧巴人脈圈。

親密度

親密度依照你們是否**合得來、是否互相瞭解、現階段的聯繫頻率**三個指標來決定。

在這個表格中，若要將親密度和影響力兩個指標加以比較的話，親密度是更加重要的。因為親密度同時反應了雙方需要交往的程度，也反應了彼此是否氣味相投、是否為同一類人；再者，因為親密度愈高，愈能影響你的工作、生活品質，在關鍵時候也更有可能出手相助，這也是它比影響力這個指標更重要的原因。

當你確定對方屬於高親密度的對象，就要努力把彼此的關係變得更緊密。你可利用以下兩個途徑。

一是利用洞察力，**找到彼此實質上的共同利益**，然後**耐心地持續為他增加價值**，以強化彼此的關係，形成沒有破綻的「同盟」。

二是**持續鍛鍊心態和技能**。任何關係的建立都需要緣分，這又需要適當的時機，甚至靈感，所以我們要能以開放的心態、流暢的技能，靜待時機到來。

總之，優化社交結構能引導我們在正確的地方社交，與正確的人社交，而不會浪費大量時間。人脈網絡是需要你做

工的，而且工作量還挺大。為了提高社交效率，請務必找準物件。

聯繫頻率

看到這裡，不知你會不會感到這種做法好像很功利？又是挑選又是分類最後還統計的，有如在搞什麼企畫一般，把朋友當成商品一般地處理，感覺非常不尊重彼此的友誼。

如果你這樣想，那只對了一半。這確實是一個企畫，就是在規劃要如何和朋友進行交流的企畫。

不對的一半是，這並不是為了壓榨、利用朋友的企畫，相反的，這是一個為了服務朋友、要和大家一起追尋幸福的企畫。

怎麼說呢？首先，當你嚴選出值得交往的朋友，並加以分類之後，就能開始檢討哪些朋友聯繫不夠，還是有時候過於親近，而有「親密導致侮慢」的情況，彼此需要拉開一點距離會更好。

諸如此類的分析，可幫助你釐清往後與朋友的交往模式，有大致的想法後，再根據實際的情形和朋友互動。這樣一來，不用多久，你絕對可以讓朋友們看到你的改變和善意，因為你採取的態度、聯繫的頻率不同了，給人的感覺自然也不一樣。更重要的是，當社交效率提高了，彼此的善意增加了，你自己反而更輕鬆，整個人脈圈轉動也會更如意，對你人生各個層面肯定有利無弊。

總之，這是一條通往幸福的道路，不只是你找到這一百

五十個會讓你幸福的人，雙方也會因為你的調整，而有更理想的相處品質。畢竟當你規律地與他們聯繫，分享自己的時間、能力和才華，大家將能從親密友愛的關係中，得到更深層的快樂和滿足。

大方向 2 做人低姿態，做事高水準

四十歲左右的年紀，基本上人生已進入下半場。因為上半場的累積，會讓人感覺很多事情彷彿都一手掌握，然而實際狀況是這樣嗎？應該不見得如此。

畢竟人生總是高高低低、有晴有雨，「不如意事，十常八九」不是嗎？

我想，每個人的人生起伏儘管不一樣，但整體來看，四十歲以後遇到的人生瓶頸應該都差不多，所以我在這裡談論的人脈問題才顯得特別值得在意。

另一方面，因為到了四十歲，好歹也累積了一些基礎，所以若非遭遇致命的打擊，所謂「留得青山在，不怕沒柴燒」，只要能挺過，就有重新站起來的可能。簡單講，就是底子較厚比較不怕摔，如此而已。

在這個時候，最怕的就是因為自恃底子厚，就胡亂作決定，自己搞垮自己。只要有自知之明的人，遇到挫折，都應該知道「韜光養晦」的道理，也就是本文的標題「做人要低姿態，做事要高水準」，如此才能重新獲得肯定，甚至超越以往的成績，成為「浴火鳳凰」，驚世再起。

我自己的遭遇就可以為這句話作一個注腳。

高峰：保誠人壽

由於原先的公司賣出烏龍保單給其他集團、理念不合等原因，我決定轉換跑道，轉為英國保誠人壽效力。

感謝前一家公司的磨練，讓我在短短四年多的時間內，就累積了一般人需要花費十五年才能得到的經驗，而能在另起爐灶後，對各項事務駕輕就熟，也在十年中將事業做得有聲有色。

「做中學，學中做」，有了上份工作四年辛苦的鍛鍊，我到了保誠人壽後，對於工作已是熟手。當然，過程中還是碰到許多困難，但是先前培養的挫折容忍力讓我具備了許多自信，深信困難是可以被克服的。

因為一直以來，我總是抱持著學習再學習的態度，即便對於自己的下屬也不恥下問，在這過程中，也增加了與人互動的機會。比較特別的是，我習慣在向人請教時告知對方會錄音，以便之後能反覆聆聽內容，藉此快速將他人的知識和經驗內化。

二〇〇七年，我決定出來創業時，已在保誠人壽工作八年，破了金融業的紀錄。當時，我的職位雖高，但是未來在工作上若想有所突破卻很困難。於是我打算自己出來創立公司，建立一個良好的平台，照顧很多員工，當公司賺錢就回饋給員工，帶著大家出遊、學習與成長。我憑著在保險業擔任內外勤各十二年的豐富經驗，做自己最熟悉、最拿手的工作，可說是信心十足。

整體來說，在保誠人壽那幾年確實是我人生中的高峰期。謝謝大家的支持，讓我有了那些可貴的成果，這些成就

都是整個團隊的功勞，在這裡再次感謝那些和我一起打過美好的仗的夥伴們！

低谷：一堂五千萬的課

以我個人來說，四十歲成為保誠人壽的執行副總，隨後又成為總經理，風光了幾年，我自己也引以為傲。之後，我自己出來和梁家駒先生一起創設了富士達保經，外人看著風光無限，但是二〇〇八年的金融風暴就把一切都打回原形。

想當年，我們一時之間保單賣不出去、百分之八十的員工求去、股東大賣股票，我因此失眠好幾個晚上，左思右想，都無法解決眼前問題，每個失眠的夜裡，都在想著公司未來該怎麼辦、怎麼經營下去，幾乎想破頭，非常憂鬱。有一天晚上，我回想自己的一生，想起也曾走過結婚、孩子出生及被房貸壓得需要借錢度日的困境，後來，憑自己死命工作，在保險業創下許多得獎紀錄，又當到坐領千萬年薪的高階主管，這些經驗造就了今日的我，過去的困難我都可以熬過來了，難道就一個金融海嘯便可將我淹沒嗎？想通了這點，我不再自哀自憐，第二天天一亮就重新振作起來了。我開始盤點資金，重振員工信念，然後一點一滴、腳踏實地重新走回正軌。

我創業到現在已有十多年，過程也像搭雲霄飛車般，從風光成立，到摔落谷底，總共付出的代價是五千萬元。五千萬換一堂人生功課，很貴，但值得。

我學到的一點就是，做人低姿態，做事高水準，不管成績如何，一切交給老天爺，對得起良心最重要。

大方向 3 擁有個人專屬智囊團

　　人生道路上，疑惑無數，你需要貴人的解答和指引，才能度過重重難關，因此組成一個專屬於你的智囊團往往是破關的關鍵。這一點，其實很多人都忽略了。

　　四十歲以後，閱歷和經驗都逐漸增加了，好處是銳氣被磨掉了，變得比較穩重，同時也愈來愈穩重，想事情會比較周延，壞處也是衝不動了，腳步就慢下來了。就算不論這個年齡的特色，一個人的精力和能力本來就有限，很多事情都需要團隊來協助處理，才能周全。再加上人脈圈穩定後，能夠諮詢和尋求幫助的人選也會愈來愈多，因此適時組建智囊團就是非常重要的事情。

專屬智囊團一：家人

　　我的首席智囊團成員自然就是我的老婆大人。

　　她嫁給我時，我還是一個一無所有的年輕小子，甚至她家裡還有反對的聲音，認為我不自量力，沒有大學學歷，還想追求公教家庭出身的她。還好，老婆還是決定無怨無悔跟著我，真的很謝謝她。

　　這一路走來，其實最會吐槽我的就是老婆了，但平心而論，我也是最感激她這點。因為別人不會說、不敢說、不願意說的話，她都會對我說，不會因為我的位置和成就而有所不同。和她說話，我常常會有當頭棒喝、醍醐灌頂的感覺。況且她一直默默支持我，在背後當我的支柱，與我相知相守，還要替我照顧孩子、父母和招待朋友，維持各種關係，

真是難為她了。

另外，孩子也是我的核心智囊團成員。

我很幸運，兩兒兩女都已經長大成人，大兒子、大女兒和老婆也都在公司協助相關事務，我們截長補短，讓各方面事務得以順利進行、公司運作順利，因此他們三人就是我的核心智囊團。

話說回來，孩子能成為我的智囊團，也是我非常努力陪伴出來的結果。當初，我為了兩個兒子能考上理想高中，放假時，經常開車載他們到建中、附中打球，然後趁機進行機會教育，讓他們看看那裡的人和物，感受那種「優秀的氛圍」，好知道什麼是最高學府和頂尖人物。不負我的用心良苦，老大考到建中，老二考到附中。

還有一點，我們父子都是一起出遊的，溝通也都是在家附近的真鍋咖啡，在談笑間、咖啡香交錯中不露痕跡地交心。透過朝夕相處，我和孩子的感情與默契不因時間而改變，只有愈來愈濃。

專屬智囊團二：受人尊敬的長者&智者

無論我處在什麼位置，對於長者與智者永遠都是尊敬的，這就是我「待人以誠」的基本原則。因此我和長輩、專業人士相處的時候，一直是抱著學習的心態，也因為這樣，我的長輩緣還不錯，自然也獲得非常多有形無形的協助。

歸納起來，我和這些長輩交往的原則大致有以下幾點：

一是我的資訊獲得能力很強、很快。我處理事情的效率還不錯，而且因著人脈愈來愈廣，獲得訊息的速度和素質比

一般人高許多。因此和長輩及專業人士往來時，我都會分享這些訊息、知識，並請教他們的看法，增加彼此的話題以外，更能夠讓他們指導我諸多不足的地方，我學習的效率就更快了。也就是說，在一般交談中，我就獲得無數幫忙了。

而我這些資料通常來自於親身體驗、專業意見、閱讀，或其他團隊的看法，提供這樣的資訊，以**增加自己獲得認同的機率**。

二是**我和他們談話時絕不看手機**，一定百分百專心地聆聽，以便隨時回答。要知道，和這些人見面的機會多麼難得，要算錢的話，那可是天價，當然要專心無比。

三是**我不會害羞不說話**，甚至常常會說笑話逗他們開心。也就是說，我想辦法讓自己成為一個有趣的人，完全不遮掩、不裝蒜，自然能獲得信任。再加上我辦事情力求周全，在有來有往的情形下，彼此的情感就越來越深厚。

像是救國團有幾位長輩就特別照顧我，我也都會定時問候他們、分享我的動態，甚至找時間向他們當面請教，他們自然也很照顧我，或吩咐朋友照顧我，**讓我一路走來，可以得道多助、化險為夷**，在此感謝這些長輩的關照。

小細節 道歉、安慰、溝通

超過四十歲之後，最忌諱倚老賣老，反而應該要「**願意低頭**」，像我就常常把道歉、安慰掛在嘴邊，也時常主動與人溝通，因此才能創造優良的社會人脈。比如說，有次我答應要參加一場婚禮，卻記錯時間，便趕緊在一個星期後，提了一籃水果親自登門道歉，對方感動之餘當然也是欣然接

受。如果事後不彌補，讓對方「感覺」不受重視，關係就會變差。

讓人「感覺」受尊重就對了

除了華人，外國人也很重視感覺，這種事在每個國家都是一樣的。

我母親在世的時候，對傭人相當好，其實她的話傭人聽不懂，但從她的口氣、眼神都會有感覺，所以「感覺」是超越語言、地域的，我們要學會互敬，跟公司同仁、家人都是一樣。

像是我最近比較沒有跟家人互動，跟女兒碰面時，就會問妹妹最近有沒有空，有一家餐廳很好吃，大家找時間約一約。只要願意溝通、對人尊重，還有做好時間管理，就不會樹敵，家庭、工作都會順利。尤其，家人長大後，更要尊重，若是變疏遠，往往要花更多時間才能讓關係回復。

有「溫度」才叫溝通

我在數十年職業生涯當中，之所以可以不斷發光發熱，就是因為我不單單是銷售保險，而是**銷售「關心」**，提供有溫度的感受及溫暖。

從事保險這個產業，在協助客戶規劃的時候，不是硬邦邦地給建議書就好，而要藉由專業的言談舉止、問話方式，專心一志地為客人做規劃，不是只為了收入。

我發現，當銷售人員面對客戶的時候，**用不同的語調，會帶給客戶不同的感受**。像是使用關懷的口吻詢問客戶為什

麼要買保單時，客戶回答：「萬一孩子還沒長大，自己發生重大意外，孩子怎麼辦？」

銷售人員聽了之後，就知道客戶是擔心夫妻兩人都出狀況，孩子會成為孤兒無依無靠，所以保險初衷就是為了讓孩子能順利長大。這時，銷售人員要能設身處地，**提供價格不高，但可以兼顧保障、可以獲得最大理賠的商品**，這才是最適合對方的保險，而不是把重點放在可不可以拿到最大理賠金額，這便是有溫度的銷售。

再以銷售車險為例，保險業務員除了說明是買哪一家保險公司的保單外，還要說明**若車子送到保修廠，哪些部分不會受到影響**，而且能花最少的錢獲得最好的保障。只要能提出最好的解釋，對客戶來說，就是「溫度」。

2. 怎樣求救最漂亮？

俗話說「在家靠父母，出外靠朋友」，不管是幫助朋友或是被朋友幫助，我們就是在彼此協作中得到進步的，照理講，「你幫我，我幫你」是再正常不過的。然而在現實生活中，大家卻對「求救」這件事情帶有抗拒心理，或者不得要領，往往交錯了很多理性和非理性的因素，讓事情不僅僅顯得沒那麼簡單，反而充滿了複雜的意味。

關於求救，我根據自己四十年的親身體會，再綜合身旁各行各業朋友和夥伴的經驗，以及相關書籍蒐集而來的資料，得到了一些看法和結論，以下就分享給大家，希望能有參考價值。

大方向 1 充分信任對方，才能獲得真正的幫助

人家說救急不救窮，這是指金錢的借貸，也可以形容彼此互相幫助時的心態。意思是能幫的一定幫，但是無法一直幫。這想法對絕大部分的人來說是天經地義，畢竟每個人有自己的生活要顧，不可能無止盡地照顧別人。

然而求救和幫忙的本質其實是「互助」，而且對每個人來說都是無法避免的，想要毫無負擔且自然地向他人提出請求，並且坦然地接受幫助，最重要的是要能學會信賴、信任別人，所以人們才說「信任帶來幸福」。

因此重點就在於如何讓自己「安心接受幫助」，也就是信賴別人。我們無法信賴他人的主要原因大概有**不願意被看**

到弱點、害怕丟臉和覺得自己沒資格接受幫助等三項。

　　無法示弱，也就是不願意被看到弱點，是我們羞於開口求救的最主要原因，覺得這樣就感覺低人一等，就有失顏面了。這是弱肉強食的勇力時代觀念遺留下來的結果。雖然沒有對錯可言，卻也妨礙了求救。

　　不說別的，當我們遭遇危險的時候，比如說隨機殺人事件，在事情發生當下，如果受害者沒有大聲呼救，或者目擊者沒有喝斥和阻止兇手的話，其他無辜的人是否也就很容易受到傷害？因此在某個層面來說，因為出聲呼救了，也警示了其他人，使其不致於被害，避免了重大生命財產的損失，同時也讓人來救助你，以免危及性命。

　　這樣看來，這種呼救正是在發起協助的一種信號，而且在那個當下，大部分人基於「人飢己飢，人溺己溺」的惻隱之心，肯定會出手相助，這不就是被救者與救助者彼此的一種默契和信賴感！

大方向 2 求助其實是一種「雙向協助」

　　為什麼會說求助是一種雙向協助？試想，我們何時和為什麼會要求協助？絕大部分都是我們想要完成目標的時候。這個目標就是一種向上提升的動力，促使我們尋求幫助；另一方面，別人也因為回應了我們的呼救，出手支援，而能成就自我，這點只要想想每次助人之後所獲得的成就感和滿足感，就知道我所言不虛。

　　所以向他人求助不僅是實現個人目標的重要步驟，也是建構人際關係的基礎。**我們透過向別人求助，同時呼應別人**

的求助，來達成我們的目的，加深彼此的聯繫。

以下我舉兩個例子來說明。

公司團體都喜歡有一個大辦公室，大家坐在同一個空間中，即使往往很吵雜，偶爾還會有人很大聲地開玩笑，或者講電話很吵遭人嫌棄，但每天就是在這樣的環境中，你一言我一語地完成了許多工作。

為什麼要這樣？因為這樣的辦公室很容易溝通和傳達訊息，也就是很容易形成彼此的協助和協作，以最快效率完成彼此的求助、溝通、協議。這就是典型的雙向協助。

另一個例子就是「保險業務員」。基層的業務對工作不熟悉，害怕搞不定客戶，而請長官出手。當長官的除非腦袋壞了，不然肯定要幫忙的，因為部屬領到傭金，他也會有好處，這個也是典型的雙向協助，更是人脈網上一次次成功的運動。

當部屬發出請求，會得到長官和內勤支援多人的回應，多人之間又會產生新的互動，接著完成請求，這張協作之網就會變得更加牢固。每個人在這張網上都有所付出、有所收穫，而且每個人更都由衷地認為，自己的收穫大於自己的付出，這張協作之網就會變得更加的健壯和穩固，同時拓展得愈來愈大。

這就是保險真正激勵人心的地方。

大方向 3　要先考慮對方的成本與收益

當對方答應你的求助，就意味著對方認為他的付出會是值得的，同時，他在履行你的要求以前，應該就確實得到了

你的回報，或者是當他履行了對你的承諾，也會從中獲得他想要的東西。這一點只要想想我們幫助人以後獲得的安慰感和成就感，就可以體會了。

因此我才會說求助所發起的協作是雙向的，是流動的，是公平的。

但是我們在這個過程中，仍然要考慮到對方的**成本、效益、甚至立場**。我舉一個例子來說明，你應該就會明白了。

落難名角的報恩

有一個平劇的名角從上海到北京演出，卻因為一連串意外而落難了，面臨飢寒交迫的生死關頭。這時候，一個碼頭上的腳伕老大幫了他一把，讓他得以安全返回上海。

時移勢易，幾年後，腳伕老大和他的手下因為北方情勢緊張，不得不南下，暫時到上海討生活。但是人生地不熟，一夥人很快就陷入了困境，腳伕老大自然要想辦法，就想到了名角，於是找上了門。

名角一看到腳伕老大非常高興，又聽到他述說的困境，馬上拍胸脯說道：「您是我的恩人，這絕對沒問題，讓我來安置大家，就算是傾家蕩產也在所不惜。」

沒想到腳伕老大聽了搖了搖頭道：「不，不要這樣，我找您不是要您傾家蕩產的。這樣好了，您是名角，那就請您安排和各家名角一起演幾齣戲，門票收入再當我們在這裡的生活費。您看如何？」

名角一聽這話可行。他自己是名角，要找一些同行來唱戲自然沒問題。於是他乾脆就趁這個機會，將各大名角齊聚

一堂，連唱了一個月有餘，**轟動整個上海灘**，使全上海的人都搶著看戲，成為當時瘋傳一時的大事情。

當名角興高采烈地將上百倍於腳伕們生活費的門票錢，拿到腳伕老大面前時，腳伕老大又說話了：「我們只拿夠我們生活的錢就行了，其他的完全不拿，您可以做其他處理，或者去接濟窮人也行。」說完，他便頭也不回地和眾腳伕離開了。

腳伕老大和眾手下走得瀟灑，卻成就了名角在上海灘無人能及的崇高地位。你說這樣的協作是不是非常特別、非常棒！腳伕老大不僅僅顧慮到名角的成本與收益，還從他的立場想事情，最後的結果更是出乎意料之外的成功。我們不禁要問，到底是誰幫了誰？

⸜小細節⸝ 只要有勇氣，求救就是公平的

從以上單元來看，請求幫忙沒有我們原先以為的那麼委屈和失敗，端視我們如何看待這件事情。不過老實講，要像上文的腳伕老大那樣求援，沒有豐富的人生閱歷和智慧肯定辦不到，這也是本文在這篇才出現的原因，因為四十歲以前能夠達到如此層次的很少，說了也沒幾人辦得到。

話說回來，求救的最大問題還是在於自己**沒有勇氣尋求幫助**，因為我們都會陷入自己無盡的想像力之中，自己嚇自己，難以自拔，愈陷愈深，最後被自己嚇死。

這種現象尤以男性最容易發生。女性因為比較會有閨密，有抒發的管道，情緒發洩一下就沒事了，不會縱容想像力破壞尋求幫助的勇氣。男性則相反，應該求救的時候，通

常會像一隻受傷的熊一樣，躲起來自憐自艾地舔舐傷口，以為這樣一切就會自動好轉了。殊不知，縱容想像力的結果往往是讓自己愈來愈退縮，最後變成螞蟻一般消失，什麼事情也都辦不成。

因此遇到挫折的時候，如果任憑想像力無限制膨脹的話，最後只會成為它的奴隸，唯有找到一個適當的發洩和協助管道，才能回到正軌。

傷心男子的療癒空間

這裡，我要再一次提到「城男舊事心驛站」（網址：http://taipeimencenter.1980.org.tw/；粉絲團：https://www.facebook.com/tpmencenter），我在本書已經提到多次，因為它可說是目前台灣唯一一個專門針對男性心理健康設置的機構，所以我才多次提到，邀請有需要的男性朋友多加利用。希望透過這個機構，引導更多的男性從健康、正常的管道，調整情緒，回復身心平衡，回歸常態。

這幾年下來，「城男舊事心驛站」已有非常好的成效了。很多男性朋友在這裡找到讓內心平靜的空間，真正發生問題的人，不管是身心靈還是實際生活上、經濟上的困難與困境，在專業人員陪伴之後，都獲得非常明顯的改善。

很多男性朋友來到這裡後，因為感受很好，成為這裡的常客不說，回去還「吃好逗相報」，幫我們作「口碑傳播」，或帶了很多朋友一起來。這樣就對了，男性朋友只要打開心的枷鎖，用勇氣突破「心理城牆」，接受幫助和關愛，事情一定會有起色的。我還是那句話「求助是公平

的」，對於喜歡服務別人的人來說，能幫助到別人是最快樂
的，因此完全不必擔心你會被看貶，那都是心魔想像出來的
紙老虎而已。

3. 如何串聯、搭建新格局？

四十歲以後，由於人脈圈基本上已相當成熟了，所以更重要的是彼此的串聯和拉抬，進而建構出一個個不同的嶄新格局。

也就是說，人脈圈的提升和格局的擴大，才是這時候最首要的任務。

大方向 1　跟敵人握手

當初我之所以成立「富士達保經」，初衷其實很單純，就是站在消費者的角度，希望能提供可滿足消費者所有需求的商品。因為在單一保險公司，商品總是有強項、弱項，不一定對消費者最有利。我認為，保險公司應該專注於研發商品、投資的資金運用才是。

大到無法被忽略

保險經紀人公司就像是「百貨公司」，不但可提供消費者商品諮詢，還可以選出對消費者最為有利的保險商品，加上保經公司沒有利差損的問題，且多由台灣本地的專業經理人創設，「深耕」台灣的決心毋庸置疑，對客戶的服務更能長長久久。

再者，經由保險經紀人專業的規劃及分析，可把各種保險商品的優勢發揮到極致，且保險經紀人可以站在客戶的立場，客觀公正監督保險公司，為保戶把關，甚至為保戶、為

保險公司、為保險經紀人創造三贏局面。

可是真的大家都這麼認為嗎？

事實上，以前保經公司和保險公司的關係是非常微妙的，充滿了競合的氛圍，常常敵我難分，一下子競爭，一下子合作，相當奇特。

我的方法就是「**跟敵人握手**」。握手的方式就是「**自己大到無法被忽略**」，一路走來都是服務、服務再服務，謙卑、謙卑再謙卑。與人為善，為共同的利益去打拚，就能得道多助。同時，我真心實意做公益，一直做、一直做、一直做，做到大家都充分了解我的善意之後，不管主動或被動都可以進行互動、接觸和交流了。當大家更加了解後，合作和結盟就容易多了。

然後，我就逐漸成為各方都能夠接受的人了。到最後，握過的手都不記得是敵是友了，重點是都變成了夥伴，一起前進，一起找到機會。以下我分享一下富士達初期的發展過程，尤其是如何挺過金融海嘯的。

富士達轉大人

富士達保經成立於二〇〇七年，這十多年來，經營公司每一天有不同的困難，而且環境一直改變，困難一直都有，這幾年之中，因為保險業全面競爭的問題產生，整體進入了短兵相接的階段。

二〇〇八年，爆發了震撼全球的金融海嘯，造成許多保險公司棄械投降、更名、併購、撤出台灣，總數超過十家，而外商保險公司也有八、九成離開台灣，本土的保險公司被

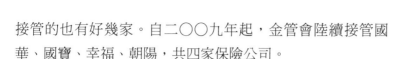

接管的也有好幾家。自二〇〇九年起，金管會陸續接管國華、國寶、幸福、朝陽，共四家保險公司。

我在保險業的洪流中，也碰到各式各樣的問題。保險經紀人公司是通路，因此成立以來的十多年當中，就跟洗三溫暖一樣「冷暖自知」，但是碰到問題時，就是不斷解決，並從中成長。以富士達保經的成績來看，公司算是相當幸運，保費收入一直都有成長。

從二〇〇九年開始，我採取積極正面的想法，遠赴中國大陸念書。這麼做就是希望化阻力為助力、化悲憤為力量，而不是眼睜睜看著金融海嘯而坐以待斃。開始到北京大學唸書之後，一個月當中，我約有十天在中國大陸、二十天在台灣，所以時間管理變得相當有效率，並陸續出版書籍。

整體來看，富士達從二〇一〇年開始從谷底翻身，從二〇一四年起穩定成長，成為保經業中的模範生。

根據我事後的分析，這當中的關鍵有二個。

第一個是我告訴同仁，**公司可以撐過去**，過去所虧損的都已經通通損益平衡賺回來了。

第二個是呼籲同仁，調整制度，推出100專案，**把公司調到微利**，公司賺十元，九元都給業務同仁。

在剛開始的轉型陣痛期，很多同仁被挖走，我告訴自己這是必經的過程，一定要忍過去。之後，藉由爭取員工的產值、收入，吸引大量的業務員一起來競爭，並宣傳信念，將產能、活動量都放大。也因為這個破釜沈舟的決心，讓富士達的員工從三百位成長到一千位，還能夠把當初股東陸續拋售的股票買回來，**讓公司終於轉虧為盈**。

這些同仁選擇留下來，沒有離職，也顯示我的信心喊話有效。

 當講師，宣揚自己的理念

四十歲以後，人脈、閱歷逐漸成熟，人脈拓展就應該進階為串聯、搭建和媒合等功能，對此，**行銷宣傳**是非常重要的一點，如此才能廣為人知，獲得更多認同和肯定，扮演好相關角色。其中，當大學講師就是一個很理想的方式，既能發揮所長，又能將相關知識傳遞給下一代、作育英才，還能做為發掘人才的平台，達到服務人群、回饋社會、累積社會聲望等多重目標，何樂而不為？

話說二〇一〇年時任朝陽科技大學校長的鍾任琴是我政大EMBA的學長，同時也是救國團的指導委員，我倆因而熟識。當時，我想要辦理產學合作，該校也希望借重我的專業及豐富的業界人脈和社會聲望，因此邀請我在朝陽科大「行銷與流通管理系」擔任助理教授。課程涵蓋了財務金融、人力資源管理和行銷等結合實務的學術知識，授課範圍包括財務、行銷、業務開拓、人力資源和風險層面等管理內容。沒想到我一直教到現在，一晃眼便十多年了。

不過到朝陽科大教書並不是我第一次教書，我還曾擔任東南科大和崇右科大助理教授，以及政大商學院企業導師，傳授自身經驗，協助產學合作培育，顯示我對教書當老師其實非常喜愛。

而且我會一教十多年，主要原因是：一、我自己**有興趣**；二、可以**和年輕人多多相處**，讓腦袋獲得刺激，才不會

太快退化；三、可以將自己的實務經驗，化成有系統的相關知識傳授給下一代，這樣的**傳承給予我很大的快樂與成就感**；四、我其實也**獲得很多學生的寶貴回饋**，得以應用至公司經營上，讓專案制度更加友善，並為新鮮人提供完善教育訓練，充分展現理論與實務的完美融合。

我認為領導公司需要認真傾聽同仁的需求與反應，才能真正解決問題，幫助公司茁壯成長。教書更是如此，除了傳授重要知識，也必須瞭解同學們真實想法，適時調整教學方式與內容，不一味地照本宣科，才能讓學生有吸收和成長，這就是教學相長的道理。

說實話，每週在台北富士達總公司與台中朝陽科大兩地往返，舟車勞頓是蠻辛苦的，但我仍然樂此不疲，就是相信如此將實務經驗傳承下去，能夠為人才培育盡一份心力，也是回饋社會的一種最好方式。

更幸運的是，二〇一八年二月，校方更頒授我講座教授的榮譽職。這份榮耀和肯定讓我更為振奮，希望繼續授課下去，幫助莘莘學子於求學期間奠定專業基礎，逐步了解產業趨勢，畢業後所學也能與業界現況接軌，順利實現理想。

有記者問我，為什麼喜歡擁有企業領導人、教授和學生等多重斜槓身分。我回覆道：「斜槓人生確實帶來很多挑戰，但能學到不同領域的知識才是最重要的。還有一點，其實我會到學校教書也是受到王永慶的啟發。他辦學校是希望培育人才後，讓這些人才去他的集團上班，我雖然沒有辦學，卻也希望教導所有的年輕人，都要不懼怕學習和挑戰，試著成為斜槓青年，替自己開創無限的可能性。」

大方向 3 合縱連橫，雙贏甚至多贏思維

我們在串聯，或作雙贏及多贏思維的時候，腦袋裡千萬不能只有每個人都一起賺到錢的畫面，否則即使你最終能夠家財萬貫，你的人生很多時候還是失敗的，也不會真正感到快樂。

因為如果你沒有讓人幸福的能力，就不會擁有真正的成功，以本書一直強調的幸福公式「人脈＝金脈＝成功＝幸福」來說，就會變成以下這樣：

人脈＝金脈≠成功≠幸福

這是我最不願看到的結果。因為幸福才是人生最重要的事情，否則你也不必賣力工作，維持家人的生活，也不需要鞠躬哈腰，只為了孩子學費！

除此之外，對我來說，我這幾十年來的生活哲學就是服務人，為大家打造屬於每個人的「保險清單」，以做為人生的保障，自然是以人為本，希望大家在我的服務之下，利用金錢來達到維持生活的基本目的。

我也希望以此做為守護大家的工具，並藉由不同形式的服務，創造出更多元的價值，在合縱連橫的方式下，平行整合同業的不同資源，垂直整合不同產業的力量，打造出雙贏、甚至多贏的局面。

以下就舉兩個例子和大家分享。

設置獎學金

提供學生各式學習機會與獎學金，這部分是在副院長陳文國及系主任李冠穎的提議下，我深為贊同後就設立了。

他和我分享他的教育理念：「在教育產業，來自全世界的學生皆是我們的客戶。這十多年來，當你願意投入與付出，就會發現任何一個角落都有過去種下的種子。在我的客戶中，沒有所謂的好壞或優劣，我只想著能夠讓每個孩子發揮所長地為社會貢獻，能本著初心地終身學習，這就是教育工作者最深的期待。」

當然他也有特殊的經驗。過去對教育和孩子的付出，除了讓學生有所成，有時學生家長的回饋更是讓他感動。甚至學生畢業數年之後，和家長碰到面，對方還能記著他的名字，並細數過去孩子學習的點滴，真的令他相當欣慰。

他還和我說：「在教育旅程中，你的信念和堅持非常重要，更會影響身邊的同業朋友，吸引更多志同道合的人聚集過來。像是您，學茂老師，在人生事業成功與美滿幸福的同時，願意與我們共同再次埋下更多為社會發光的種子，我想這也是擴散的力量，讓愛，持續擴散與分享。」

講得我都不好意思了，盡己之力而已。

提倡風險管理

二十年前，時任保發中心處長的廖淑惠，及時任保險局科長、現任保險局長的施瓊華，正在執行「推廣保險教育向下扎根計畫」，進行了國中小學保險教材的編輯，希望能將保險的基本概念納入國中小學的課程大綱，以提升國民風險

管理的意識，成為安定社會的力量。為此，她透過保險服務協會祕書長張嘉麟先生的介紹，認識當時擔任保誠人壽副總的我，希望我能幫忙。

由於當時教育界對保險教育進入課程領域頗有疑慮，所以我除了透過人脈多方協助與學校溝通，讓志工講師能進入校園傳遞風險管理概念外，更連續三年擔任金管會籌辦的「小小金融家夏令營班」的班主任，讓小學生能透過闖關遊戲等課程設計，將風險管理的概念帶入實際生活體驗。

以下是她的推薦文，分享給大家，同時感謝她的推崇，我真是愧不敢當。

　　學茂兄為人非常誠懇，熱心公益，對保險教育向下扎根的推廣不遺餘力，營隊活動期間的繁重工作壓力，對必須拚業績的學茂副總而言，應該是分身乏術，焦頭爛額。但學茂兄總是笑咪咪，輕鬆以對，他的時間管理及待人誠懇，實在令人佩服。

　　我想學茂兄的成功，應該是來自他的「誠懇待人，熱心助人」。自我認識學茂兄近二十年的期間，一路走來，學茂兄在公益領域上，永遠都是不遺餘力地幫助人，以他擔任中華保險服務協會理事長期間為例，透過學茂理事長的人脈，更讓大專院校的教育宣導屢屢創下破紀錄的人數。

　　我想人脈絕對不能單純建立在利己的基礎上，不求任何回報地熱心助人會深化感動人心，當然這也是學茂兄在其公司業務能屢創下佳績、獲獎無數的關鍵吧！

小細節 沒有「交淺言深」這回事

交情這個東西很微妙，有時候你以為和對方交情很好，沒想到卻是貼到冷屁股，有時候又反過來，別人對你過分熱情，令你受不了。之所以常常出現這些「牛頭不對馬嘴」的情形，追根究柢起來，主要就是因為雙方對於「親密度」的認知不同，才會出現這種尷尬的情形。

關於「親密度」，在前面介紹鄧巴數時也提過，不過前述是關於自己單方的認定，會有主觀的因素在內，讀者在思考時要有一點彈性才行。

交淺言深的悲劇

雙方對親密度認知的差異，雖然在人脈經營上屬於小細節，卻真的很容易讓人「陰溝裡翻船」，當真是不可不慎。

舉一個在電影或電視裡常見的橋段做為例子。在一場聚會上，兩個不是很熟悉且有一陣子沒見面的男人正在談話，A為了和B立刻熟絡起來，就問說：「你和女朋友C最近如何啦？」

聽了這話，B聳聳肩道：「她現在已經不是我的女朋友了。」

A為了安慰B就說：「你也不用難過，大家說她一直跟D有染呢！」

沒想到B馬上露出非常震驚的表情，久久才說出了後半句：「她現在已經是我的妻子了！」

這下子說有多尷尬就有尷尬了。

我們只能說，飯可以亂吃，話可千萬不能亂說。

以上這個例子說明了幾件事情。

首先，我們分別來定義「交淺」和「言深」。交淺一般是指兩人只有表層的交往，而言深是指交流的話題範圍大，透露各自隱私的程度較深。那交淺到底為什麼不能言深？

因為話說出口之前，你是它的主人；說出口之後，你就變成它的奴隸了。隱私一旦暴露就有風險，你既然管不住別人的嘴，就管好自己的嘴。

所以人們才說交淺言深是社交毒藥。

這是因為親疏遠近有別，**每個人必須理清自己與別人的關係，搞清楚自己的位置，才知道該說什麼話。**這在人脈發展，還有串聯、媒合中相當重要，卻也是常常發生的小錯誤，請一定要非常小心，以免擦槍走火。

無論親疏都該避免的話題

這裡我也要特別提醒大家，別成為那些三姑六婆的長輩了，老是問別人「何時結婚？」、「薪水多少？」老想探人隱私，大家看到你只會想逃之夭夭。總之，有兩方面的話題不要觸碰：一是**經濟情形、身體狀況、情感狀態、結婚與否、孩子成績等等；二是支持的球隊、討厭的明星、宗教、對吃素的態度、政黨傾向……等等和意識形態有關的話題，**這些都非常容易引起爭執，能避則避。

總之，千萬別相信「交淺言深」這回事，有多少交情說多少話，別亂下判斷，很多事情都沒有表面這麼簡單。留一些餘地給人家，就是留一些餘地給自己。

4. 人脈變金脈的訣竅三

四十歲以後人脈基本上是穩定的，應該追求的是更上層樓的質變，以及去蕪存菁的量變，等到完成這樣的質量雙變後，才能真正「蛻變」，完成人脈升級的工作。

但是將人脈圈升級後要做什麼呢？雖然主要目的還是在於將人脈換成金脈，但應該已經不是單純想要改善經濟或擴展生意之類的事情了。這時就該變成持續協助他人提升、媒合他人、深化和加大投入公益的力道，同時不間歇地學習，這幾項工作才是現階段人脈擴展的主要工作與目的。

大方向 1 進階版的人脈幫助術

前文談到了「求助」，本文就來談「幫助」，而且是協助他人的進階版。和被幫助者害怕丟臉的困境相反，幫助者的困境就是「擔心被幫助者會覺得丟臉」。

因此很多時候反而變成幫助者綁手綁腳了。這實在是一個很弔詭卻又很有趣的情況。然而如果我們都承認求助是一種平等且合理的事情，那助人者其實就沒什麼好擔心的，兩者的心態會自然取得平衡。

誠如前述所說的，求助是一種請求協作的動作，因此幫助也是在回應求助的一種行動而已。基於這個想法，**求助者與幫助者就是在讓彼此的人脈網絡更上一層樓。**

說實話，只要自己夠好，不管在商場還是做公益，都會得道多助，以人脈分享人脈，或者當你夠穩，回饋就會自動

回到己身，這兩者都屬於人脈幫助術。以下我就舉兩個例子來跟大家說明。

好到人家來找你

第一個例子要提到我在北京大學光華管理學院EMBA的同學，安卓美達國際股份有限公司董事長張欽鴻。

張董事長從事國際貿易的生意，二十七年前剛創業時的第一個客人，是在美國明尼蘇達州開公司的。他們原來是在墨西哥採購產品，和安卓美達沒什麼關係。但由於拉丁美洲的人生活比較浪漫，生活態度一向都是「今朝有酒今朝醉」，所以每次向他們採購產品，無論是交期、品質或出貨都不是很穩定，令這位客戶感到非常苦惱。

因此這位客戶就開始到亞洲找尋供應商。他們在原本的諸多供應商裡開始尋找，而安卓美達就成了他們的供應商之一。不過除了安卓美達，客戶還有兩個供應商，一個在大陸，另一個在香港，也就是由安卓美達和另外兩家固定供貨給他們。

人家說「路遙知馬力，日久見人心」，兩年後，由於安卓美達不管是在服務、溝通、品質和開發上都比別人做得好，所以客戶就決定把所有的生意都委託安卓美達在亞洲替他們採購。也就是說，安卓美達變成這位客戶在亞洲的總採購了，如此一來，利潤和規模就有了明顯成長，而逐漸成為一家不錯的公司了。

一轉眼，他們已經合作二十七年了。如今，他們不僅僅只是供應商和客戶的關係，彼此早已升級為更親密的夥伴關

係，早已變成彼此最大也最好的客戶。

由此可見，不管做人做事都要保持誠實和遵守信用，才能和客人維持長久的關係，這不管在任何行業都是適用的。

穩到脫穎而出

第二個例子則是明台產物保險公司總經理陳嘉文率領團隊，在新竹科學園區，承包半導體大廠相關產物保險的奇特過程，過程還蠻令人噴飯的。

話說競案當天，他們團隊是四家公司中最後一家進行簡報的。由於前三家的簡報太過冗長，使得他們的簡報時間受到嚴重壓縮，輪到他們時，大家心裡都非常著急，時間不多了該怎麼辦？但也沒辦法，只能硬著頭皮上了。

他們忐忑不安地坐下來之後，陳嘉文詢問客戶：「不知道您們對這次簡報有什麼期許呢？」沒想到這樣一句隨意的開場白，竟引起客戶侃侃而談，足足講了二十多分鐘。

客戶表示：「剛剛聽了三家的簡報，每一家都說自己多專業、多內行，但是竟然沒有一家公司願意傾聽我們的需求，而對我們公司最好的應該是……」客戶花了二十多分鐘說明，不僅把前面三家所提的方案內容告訴了他們，也直接表明了他們的需求，最後還說了一句話：「今天聽了四家的簡報，你們的最專業。」

此話一出，他們都面面相覷，心想：我們明明只問了一句話，簡報都還沒做，怎麼變成我們最專業？

客戶接著說：「因為每家保險公司都急著說明他們的專業，內容都講得非常詳細，但說再多我們也不見得聽得懂，

相對地，只有你們這家公司願意傾聽我們的需求。」

聽到這裡，他們才明白，原來傾聽才是客戶最需要的。銷售產險如果沒有傾聽，再多的專業都是多餘的，也不見得會獲得客戶的認同。就這樣，之後該公司的各種產物保險，他們都有了參與的機會。

看到這裡，大家應該都懂了。如果沒有傾聽，這個案子應該不會落在明台的頭上。當然，相對來講，明台產險的團隊明顯也是比較沉穩，容易被人信賴，才得以在競爭者中脫穎而出，拔得頭籌。

由此可知，**穩定和傾聽這兩個特色，果然是讓自己人脈進階的最佳幫助術**。

大方向 2 不間斷地媒合他人

經過鄧巴數瘦身下來的人脈圈，不只更健康，也更能發揮作用。這時如果能夠利用自身的人脈優勢，不斷地媒合他人，將發揮難以想像的加乘效果。

本文先說明如果我們當這個串接者，也就是人脈發展的關鍵點，這個關鍵點的特性是什麼，期望大家都可將以下提到的四點培養起來，產生串接價值。接著也可以和我一樣，做起公益串接點，專門服務大家，讓大家也逐漸變成串接點，那你將成為無可取代的關鍵串接點，也是整個人際網路的中心點。

同時，如果你能利用這個優勢，持續媒合他人合作，就等於幫助對方也建立串接點。而由於是以你為中心點延伸出去的，等到人脈網絡愈結愈大、愈結愈多，延伸到夠綿密

後，到時金脈自然就產生了，接下來的差別就是規模大小而已，而你的視野愈大，金脈的規模愈大。

產生串接價值

決定未來人脈發展走向的，不是你的能力高低，而是你的不可取代性。而串接，就是一種無法取代的能力和特質。

在人脈圈與圈之間，一定會有縫隙，那些就是專家學者所謂的「人脈結構孔」。串接者就是在人際網絡之間做連接、填補結構孔的那個人。人脈資本愈高，所形成的人脈網也就愈好，產生的連接效果當然也愈好。

每一個人都可以扮演一個串接器，做一個資源混搭的角色。透過搭建人脈發展的平台，能夠串接許許多多的跨界資源。這些串接者通常擁有以下四個特色：

一是他們**清楚本身的潛力無可限量**。一個人要走出自己原本的人脈圈並不是那麼容易，但是串聯者就能夠跨界連結不同的社交網絡，把一個個人際孤島串接起來，這種力量不可小覷。

二是串接者就是**資源整合的高手**，他們就是各種問題的終極解決方案。和串接者聊天的時候，很容易就會發現，他們對我們這些訴苦者所說的話語和用字遣詞非常敏感，一有靈感產生，就能夠快捷地啟動他們的串接動作。

三是串接者**有終身學習的習慣**，因而可以持續而有效率地縮短人脈社交距離，進而成為社交中心。

四是串接者**認識新朋友的能力非常強**，應該說吸引新朋友的能力非常強，也就是說，他們的串接能力會隨著串接網

路愈來愈複雜而愈來愈強。

如果你想要強化人脈經營的成效，如果你不想做一個可以隨便被替換的零件，就要想辦法讓自己成為一個無可取代的串接者。

串接保險和公益的「新公益網」

我自己就是這樣一個「串接者」。我的方式就是將保險和公益整合成一個新形態的常設機構，成為基金會或類似的組織，再加上企業經營的方式，建立正常的金流模式，如此一來，才有辦法像一棵能夠完全吸收養分的小樹，日漸茁壯，最終成為一棵遮天蔽日的大樹。

首先就是利用這個人脈串接網路形成的金脈網路，廣納各方的捐款和物資，再透過企業化的透明組織，活化組織的各個部位，並能夠最有效率地將資源傳送到末端有需要的群體上。

目前富士達保經在全省有三十二個據點，未來三年，預計可以擴充至六十個據點，將來不論是幫助青少年就學或服務老人，都可以透過公司在不同縣市的據點，與當地鄰里結合，從每個社區做起，這樣我們的公益服務將可以更綿密、更紮實地擴散出去。

除了各方捐款以外，公司還會提撥一定比例的盈餘投入該基金會或組織，以進行各式公益活動，並回饋社會，繼續關心青少年，幫助那些渴望讀書、但經濟有困難的孩子。同時，隨著今日社會少子化的趨勢，獨居老人照顧的問題日益嚴重，如何結合社會資源，幫助無人關照的獨居老人，也是

基金會日後努力的目標。

總之，我希望這個由我的人脈網絡串接起來的「新公益網」，在由我催生之後，會如同一個有機生命體，持續茁壯和生長，並持續串接更多資源，疊代和升級，最終能夠成就「老有所養，壯有所用」的公益大同社會，如此一來，余願足矣。

大方向 3 做公益和做事業一樣重要

四十歲以後的人脈往往不是專注在如何擴展，反而應該是篩選和優化上，也就是要加強效率和服務品質。金脈的擴張也是如此，應該是橫向的連結最重要（就是串接的工作），因為已經到了高階的人脈圈，彼此之間的合作變得更加重要，那才是人脈變金脈的關鍵，對外擴張反而不太需要做了。

同時，如果將高階人脈運用到公益之中，就會有事半功倍的效果。這裡我就以個人經驗，和大家分享我投入公益的初心，以及四十歲以後的公益之路，期望拋磚引玉，鼓舞更多朋友一起加入，一起走得更遠。

從小就萌芽的公益心

我還記得很清楚，十二歲時國小畢業前夕，我因為實在很嚮往台北的生活，竟然一個人從大溪坐公車到中壢，然後換火車再坐到台北，就是想要親眼看看台北到底有多繁華！因為我從電視、電影上看到台北的榮景，就認定如果要成功，就一定要到台北這樣最繁榮的一級城市，才能獲得最多

的資源，才能遇到最多的機會。

　　而且我記得我哥哥在台北開了摩托車店，因此就想去找他。結果在過程中不小心掉了錢包，還迷了路，只好到警察局跟員警借錢買火車票，才得以回到大溪。那天快到半夜了，我還沒回家，可把父母急壞了，後來還因此被禁足。

　　儘管沒找到哥哥，我仍然在台北萬華和西門町一帶見識到都市的繁榮，也算是完成了計畫，滿足了心願。從此以後，我就打定主意將來一定要上台北去打拚。

　　直到十五歲的時候，我做對了人生的第一個決定——捨棄不讀已經錄取的桃園武陵高中，直接離開桃園大溪老家到台北念五專，並且於畢業後留在台北工作。從東南工專電機工程科畢業後，當兵兩年，我在二十二歲進入社會工作。開始找工作時，我曾經想過要回桃園老家還是留在台北，如果留在台北，我要做什麼？我要住哪裡？

　　後來想想，我從小就嚮往都市生活，才會刻意到離家較遠的台北念五專。去台北念書前，我住桃園鄉下，每天目睹爸爸養雞、養鴨、養豬的辛苦，又賺不到錢，有時，我也會幫忙煮麥片，餵一群剛出生的小豬，這種日子讓我覺得苦不堪言，害怕一輩子得過這種農村生活。最後，我還是決定無論如何都要留在台北工作。

　　但是，要做什麼呢？我既然離開家來到台北工作生活，以後應該會想要自己買房子，但什麼時候才可以存到第一桶金，在台北買房子？對於未來，我有很多的理想，也有很多的困惑，思來想去，後來，我想起國中時，有次和在福特六合擔任業務經理的表哥聊天，他告訴我：「你將來若想做總

經理，一定要有業務能力。」並說：「將來不論做哪個產業，只要能把業務做好，未來收入及發展將無可限量。」於是，我好像突然開竅，決定不做電機本行，毅然決然去找業務的工作。

更重要的是，我還記得小時候就很羨慕有能力幫助別人的人。從小學時，我的偶像就是劫富濟貧的義賊廖添丁，覺得他義薄雲天、武功高強，是困苦之人的希望。他的故事讓幼小的我深受感動，常常幻想有一天自己也能像他一樣，幫助社會底層的人從水深火熱中解脫。

隨著成長，我當然已明白做慈善不必靠奪人錢財，但當時心中種下的行善種子仍逐漸成長，助人能力也慢慢茁壯，出社會之後，我開始能靠自己賺的錢幫助有需要的人，從此便踏上公益之路，再也回不去了。

持續不斷投入做公益

出社會以後到四十歲以前，我的公益之路就從來沒有斷鏈過，但是力道自然沒有四十歲以後來得強勁。等我到了保誠人壽服務，再到自己公司創立富士達保經，這二十多年來，隨著人脈發展的逐漸深入和日漸廣泛，投入公益的經驗、技巧、接觸面也是愈來愈不一樣，效果當然也不一樣，這是我自己也感到自豪的地方。不過這都是大家的功勞，是和大家一起走的結果，我只是負起串聯的作用而已。

話說我擔任英商保誠人壽總經理時，就常跟著公司的腳步一起關懷弱勢家庭。我每年協助家扶中心募資一千五百萬到兩千萬元的經費，資金則交由家扶中心執行。家扶中心幫

助的對象以弱勢家庭與小朋友為主，每一年，中心都會向我們提出報告，說明當年度資金使用的狀況，以及舉辦了哪些公益活動，有些家扶中心辦的活動，我們也會派員參加。我在保誠將近十年的工作生涯，雖然忙碌，但能盡棉薄之力，讓我分外開心。

我所經營的富士達保險經紀公司至今已邁入第十五年，已經算是步上正軌，雖然目前我仍是「張老師」基金會台北主任委員，但總會有卸任的一天。未來三年內，我希望將公司經營得更好時，能成立基金會，並提撥一定比例的公司盈餘投入公益活動，並在自己的能力範圍內回饋社會。

還有一點要和大家分享。我做公益這麼多年，竟然在二〇一八與二〇一九連續兩年得獎，這是我沒有想過的，本來做公益是不求回報的，更沒想過要得獎，不過得獎仍是令人開心的事。

二〇一八、二〇一九、二〇二〇，三年當中富士達連續獲得二十七項大獎、全球華人公益金傳獎、世界傑出名人榜（全球六十個國家、一千兩百八十位入選，最後僅二十一個人獲獎，我代表中華民國獲此殊榮）、二〇二〇年獲得卓越保險經紀人公司獎、保險信望愛獎連續七年獲獎、台灣十大傑出企業獎、台灣十大傑出創業楷模、台灣金品獎首獎、最佳社會貢獻獎、最佳熱心公益團體獎、國家品牌玉山獎企業獎連續獲獎六次、國家品牌玉山獎傑出企業領導人獎連續獲獎六次。這些獎項給我們很大的肯定與鼓勵，即使沒有得獎，我們仍會一本初衷，繼續在做公益的路上勇往直前。

未來，我將從自己的財產中拿出百分之三十到百分之五

十來做公益，為了能對社會有更大的幫助，至今仍努力在崗位上奮鬥。常常有人問我，現在都已經六十有一了，為何還那麼認真工作，其實我工作有兩個目的：一是**照顧員工、客戶、家庭及投入公益**；二是希望培養人才，**讓公司繼續傳承下去**。唯有公司能夠永續經營，我們的公益之路才能走得長長久久。

小細節 深化終身學習

　　如前面所說的，四十歲以後要把人脈變金脈，目的和想法已經和四十歲以前不同，因此做法也不一樣。其中，終身學習是一個乍看之下與人脈沒什麼關聯和效果的事情，為什麼還要特別去「深化」呢？然而事實上，學習對人脈圈是有正面影響的，這點前文也做過相關探討，這裡再回到我本身的經驗，讓大家從我身上驗證我的觀點吧！

　　以我來說，我在朝陽科技大學教書十幾年了，一直非常樂在其中，前兩年還獲聘為「講座教授」，另外，我已經取得政大和北大兩所頂尖大學的EMBA碩士學位，預計明年底會再取得台大EMBA碩士學位。不管是當老師還是做學生，都是我最享受的事情之一。

　　本文就和大家分享我這輩子的終身學習歷程，希望能讓大家感受到學習的樂趣和好處。

求學時代成績平平是最大遺憾

　　我做事業有貴人相助，加上自身努力，雖然有風有浪，仍堪稱一帆風順。但一路走來，我心中最大的遺憾，就是求

學階段成績不夠優異。就讀桃園當地的大溪國中時，我沒有補習，功課不懂也沒得問，所以成績一直難有起色。考上武陵高中後，我便擔心靠我的成績應該考不上大學，於是選擇念五專，又因為想在台北念書，而選了東南專科學校。假設當時有人鼓勵我一定考得上大學，或許我的求學過程會截然不同。

五專畢業後，我深深覺得需要繼續進修，於是到文化大學讀夜間部。當時，我在南山人壽工作，業務剛有起色，只要B.B.Call一響，我就從後門翹課去處理。後來，我受不住事業與學業的拉扯，決定先拚經濟再說，在文化大學夜間部的進修便以肄業劃上休止符。

過了幾年，為了因應工作需要、補足專業知識，我在四十歲與政大結緣，攻讀EMBA後，就體認到終身學習即長期「投資自己」，不僅能提升個人視野、人生思考，對企業領導人來說，這些更是攸關企業未來發展的關鍵，領導者能具備與時俱進的新觀念，才能為企業注入更多元的創新能量。

六十歲當台大碩士，七十歲攻哈佛博士

回顧我自己的求學歷程，二十歲五專畢業，三十歲才有大學文憑，四十歲取得政大EMBA資格，五十歲赴北京大學光華學院攻讀EMBA，現在六十歲仍不忘年輕時立定的夢想，正取考上台大EMBA。每隔十年，我就想進入大學知識殿堂充實自我，預計再過十年、七十歲時，等工作呈半退休狀態，將遠赴美國再攻讀哈佛博士或EMBA。

朋友聽聞我七十歲讀哈佛博士的夢想，笑稱我是「肖

ㄟ」、太瘋狂。但人因夢想而偉大，從五專生到大學教授，從推銷員到保險經紀人董事長，我不論讀書求學、工作計畫，每個目標都已一一達成，靠的方法無他，就是終身學習，不斷超越自己，我的人生求新、求變、求知的腳步從來不曾停歇。

人生是一趟學習旅程，我現在讀書的目標與四十歲不同，目前的期望不僅是把公司治理好，更期望企業獲利，回饋社會，做社會長期義工。為鼓勵「終身學習」，家庭必須從父母做起，企業領導人則要以身作則，終身學習絕對不能是口號而已。

5. 自身經驗：北大EMBA

說起來，我之所以會去北大念EMBA，跟當初念政大EMBA的全球華商班很有關係。那時候，我們是一個月在政大上課，另一個月到其他城市的學校上課，而其中有一個月我們就是在北大上課。

在北大上課的感覺令我感到非常奇妙。北京是舊時的帝都，也是現在的首都，再加上北京大學在大陸的地位、建築形式、師資及學生素質等因素綜合起來的氛圍，讓我感覺彷彿回到古時候的太學（實際上北京的太學遺址另在他處），更有一種進京趕考的興奮感，讓我對該處充滿了好奇和異樣的感受，想要好好了解它、感受它和親近它，只是那感覺總也說不完全。

直到二○○八年金融海嘯發生後，公司發展非常不順，正面臨重大危機和虧損，我就想當下能做的事情都做了，其他只能等風暴過了才能期待好轉，既然除了等待也沒有更好的辦法，那還不如趁這個機會好好進修一番，先把能力儲備好，等整體環境恢復正常了，剛好可以重新大展拳腳，東山再起。

北大學費要用房貸繳納

我把這個想法和老婆商量，她馬上露出非常驚訝的表情，我趕緊說，只是考考看，又不一定會上。誰想到，我筆試、口試竟然統統輕鬆過關。更沒料到的是，北大兩年學費

是要一次繳清的，算一算，學費竟然高達新台幣兩百五十萬元，若連同三年讀書的相關開銷，包括：機票、住宿、交際等，總計要五百多萬元，跟到美國讀碩士差不多了。

老婆得知要花這麼多錢，立即反應道：「公司還在虧錢，一年虧一千五百萬元，你還要花這麼多錢讀書？我們都五十幾歲了，還要這麼折騰？能不要讀嗎？」但我不諱言，當時有種逃避的心態，想重新回到校園，好冷靜思考、投資自己，也散散心，這輩子賺錢都投資在子女身上，這次我想要個任性投資自己。於是我承諾老婆「現在投資我，以後公司賺了錢，可以千百倍奉還。」老婆心裡雖然不願意，還是只能勉強同意。

接著，我將兩棟自住的房子打通，拿了其中一戶五十坪的向銀行貸款，湊足五百萬元赴北大讀書。每個月去北京十天，其他時間認真經營公司。就這樣開始了兩邊跑的北大學生生涯。

這事先誰想得到！但人生就是這麼奇妙。

沒錢、沒時間，讀北大EMBA難交友

雖然剛去北大時感到興奮，但實際上的艱苦也不足為外人道。大部分人都認為讀EMBA純粹就是交交朋友而已，但對我而言，讀北大時正值我人生、事業上的大低潮，不管是經濟上或心理上都面臨極大的壓力，並不像別人那樣輕鬆。

以經濟狀況來說，沒錢又不花時間在學業或經營同學關係上，是不可能交到朋友的；更直白地說，沒有錢，無法參與學校捐款，再怎麼經營人際關係，效果都相當有限。

舉例來說，有次學校舉辦捐款活動，有同學出手就捐了一百萬人民幣，買下宋慶齡基金會賣的一幅畫。我的公司一年虧一千五百萬元，都快要倒閉了，捐一萬元人民幣做公益都有困難，當下只能頭低低喝啤酒。當然，募款活動不會只有一次，從不抽菸的我，為了逃離現場，都會跟同學借根菸，躲到廁所平復鬱悶的心情。

　　還有一次北大同學邀約假日一起出遊，預算是一人五千人民幣，我學費是靠房貸借來的，哪能輕易亂花，只好假裝假日很忙，選擇不參與班上活動。

　　這些窘迫的情況自然無法對人說，只能自己默默吞下。事後回想，這樣的事人生怎能避免？人生本來就充滿麻煩，克服就是了。再加上我的個性算是樂觀的，很快就看開了。這個階段就當作是躍高前的蹲低動作就好了，沒事。

念完北大EMBA滿血回歸

　　相對於交友，我在學業上卻是收穫滿滿。整整三年時間，我每個月十天在北京讀書，剩下二十天回台工作。雖然工作時間大概只剩原先的百分之六十，但也促使自己工作效率更加提升，增進了時間管理的能力。

　　同時，我在北大結識了亞洲各地、甚至亞洲以外的優秀同學，很幸運的是，在我全力以赴的情形下，竟然僥倖以第一名的成績畢業！想起來，自己也引以為傲。

　　班上八成以上都是來自中國的同學，在一起讀書、遊玩的過程中，我領悟到各個省分的人想法、經驗差異非常大。比起在政大讀書時，感受又更不同，不只侷限於台灣的角

度，而是以不同國家的眼界去看世界。

當然，在北京大學求學期間，我除了能與大陸各省菁英交流外，與台灣和香港等地的企業精英共聚一堂上課也是非常難得的經驗，除了在專業知識上受益良多，也開拓了自己的視野，又連結到許多重要人脈。取得金融碩士學位回台後，我靠著所學知識與努力，帶領富士達保經站穩腳步，現在公司更是年年飛速成長。期許富士達保經能夠持續壯大，成為台灣保經業的最佳標竿。

此外，由於很難得有人會念三所EMBA，更何況是三所名校，因此很多人都問我這三所頂尖大學的EMBA到底有那些異同。

以我個人的看法來說，若要說這三所學校EMBA的特色，**政大金融專業最強，北大則是擁有豐沛的兩岸人脈，台大則是個案研討最專業。**

整體來說，我人生下半場的求學之路，最辛苦的確實就屬讀北大這段期間，不是老師、學校的問題，而是我正處於經濟窘迫、公司遇上金融海嘯、心情也最低落的狀態。

現在回頭來看，或許正因為最苦，回憶起來反而特別懷念，覺得那真是不一樣的經驗呢！

Part 5

總結：廖學茂的人脈成功祕道

人生走來已六十多年，雖然有驚無險地度過，但更幸運的是，我能和無數朋友一起創造許多美好的結果，這才是最棒的，這樣的人生真是無可挑剔了。

其實，我最自豪的是我擁有正確的三觀，這讓我沒有走上歪路，進而能夠獲得眾人的肯定和幫助，才有辦法活出多采多姿的人生。

很多朋友鼓勵我，把這些和人脈有關的心得寫下來和大家分享，針對不同年齡的朋友提出不同建議，我也就恭敬不如從命了。接下來，我就為大家總結本書提到的人脈提升技巧。

1. 持續地付出，終究會回饋到己身

年紀愈大，愈能夠體會到，不管我們做了哪些事情，都是早就註定好的了。有人說這是「宿命觀」，但我總結自己的實際體驗後，我認為這是一個客觀的結論。我想要表達的是，你怎麼種就會怎麼收，所以人們才會說持續付出就像一把迴力鏢，總有一天會飛回自己身上，不管是好是壞，因此還是抱著一顆敬畏之心比較好。

這就是一般人所說的「報應」，信也好，不信也罷，心存善念最重要。我就是這樣，一直做，一直服務，像頭牛般只是低頭犁田，不知不覺中整片田就已經犁好了，等到這時候，不只別人對你刮目相看，對待你的方式也不一樣了，你就可以慢慢享受成果了。

大方向 1 花花轎子人抬人

你必須先幫別人抬轎，別人才會反過來幫你。一個人能成功，其實是因為有很多人在幫你鋪橋造路，讓你登峰造極。我非常感謝身旁許多朋友的陪伴與力挺，我才能有現在的地位。

所以我也同樣地陪伴和力挺大家，以做為回報。在這樣我拉你一把、你推我一下的善循環中，大家一起向上提升了，還愈走愈遠，這就是「一群人走得遠」的道理。

話說二〇二一年一月十四日那天，老天爺幫忙，給了我們一個冬天裡難得艷陽高照、萬里無雲的一天。天空是一望無際的澄藍，令人心曠神怡，這樣的好日子，也是我們台大EMBA課程108C班共同課程的最後一天，大家選在這一日一起拍攝團體照，我也藉機邀請各位同學，拍攝要配合本書出版的「給學茂班代的一句祝福的話」影片，於是張老師文化的同仁和攝影師當天也一起出動。

在豔陽天的祝福之下，整個拍攝過程非常順利，五十幾位同學都特地為我入鏡，拍攝了一段祝福的話。此外，我們EMBA課程的大家長、台大管理學院胡星陽院長也撥冗為幫我錄了一段祝福。實在是十分感謝大家的相挺。

▲ 胡星陽院長錄影後和我一起合影，一起比出愛心，除了是對我的支持以外，也是邀請大家投入公益、及時行善。

除了特別感謝台大管理學院院長胡星陽之外，以下我將鼎力相助的各位同學，按照姓氏筆畫呈現出來，以示最誠摯的謝意：

〈2～9畫〉

　　世博通國際有限公司總經理 丁仕杰・崇越科技股份有限公司技術長 丁彥伶・工研院電子與光電系統研究所組長 方彥翔・KKBOX Group公共事務負責人 王正・方圓國際事業股份有限公司董事長 王國良・臺大醫院國際醫療中心執行長 朱家瑜・蓮發工程董事長 李秀蓮・仰德集團財務長 李盈助・永豐證券投資信託股份有限公司基金經理人 李盈儀・德勤財務顧問股份有限公司資深執行副總經理 李紹平・昶智股份有限公司董事長 阮延璽・痞客邦執行長 周守珍・高雄漢來大飯店總經理 周憲璋・鋒魁科技股份有限公司總經理 林千惠・德立斯科技股份有限公司董事長 林廷祥・安侯建業慈善基金會董事長 林琬琬・極上教育執行長 邱文卿・唯映投資股份有限公司負責人 洪文怡・廣宇國際股份有限公司董事長 洪榮宏

〈10～12畫〉

　　草悟道開發關係企業董事長 栗志中・維新醫院院長 袁樂民・新聯洋廣告股份有限公司副總經理 張俊杰・臺大醫院急診醫學部副主任 張維典・台新國際商業銀行副總經理 盛季瑩・新昕纖維股份有限公司董事長 莊育霖・台北醫學大學附設醫院助理教授 郭芯好・信義開發股份有限公司副

總經理暨集團董事長特助 郭思吟・策品創新股份有限公司執行長 陳宗逸・陳俊男建築師事務所負責人 陳俊男・美科實業總經理 陳俊偉・台新證券資本市場處協理 陳姵汝・木生婦產科診所副院長 陳星佑・Gonna共樂遊 食・旅・生活總經理 陳斯重・可倫國際股份有限公司總經理 曾姿瑋・馥華集團執行董事 游伯湖・地標網通股份有限公司總經理 游家佑・岱宇國際股份有限公司副總經理 黃郁之

〈13～18畫〉

　　勤業眾信聯合會計師事務所會計師 楊靜婷・新竹台大分院副院長兼新竹醫院機構負責人 詹鼎正・陳立教育南區營運總經理 廖仁瑋・野村投信副總經理 廖繼瑜・麗山社區關懷協會常務理事 褚顯超・珈特科技股份有限公司總經理 劉宏清・臺大醫學院復健科副教授 潘信良・翰廷精密科技副總經理 蔡啟智・宏碁股份有限公司專案總監 蔡傑智・廣為科技股份有限公司總經理 蔣青峰・幣託科技執行長 鄭光泰・靚優健康醫學美容診所院長 鄭嘉琪・艾爾文創事業集團執行長 賴俊瑋・益普索市場研究總監 謝惠玲・永信國際投資控股副總經理 簡志維

▲ 「給學茂班代的一句祝福的話」影片QRCode，歡迎大家掃碼收看。本書銷售利潤20％將會捐贈做公益，歡迎大家共襄盛舉。

▲ 台大EMBA 108C班，艷陽下的全班大合照，每個人都閃亮無比。

▲ 台大EMBA 108C班，艷陽下的全班大合照，大家一起裝可愛，回到
青少年的feel。

▲ 台大EMBA 108C班，大家和樂融融大合照，展現出無比強勁氣勢。

▲ 台大EMBA 108C班，全班感情好，參加活動相當踴躍，拍照氣場滿
　溢，表情生動，歡樂無限。

大方向 2 貴人總會在神奇時刻出現

　　每個人身邊都會有一位或多位生命中相當特別的人，他們總會神奇地在你最需要的時刻忽然出現，然後把你給拯救了。對我來說，這樣特別的貴人就是梁家駒先生。

　　在職場打拚四十年，最珍貴可貴是遇到提拔、賞識我的貴人，而我在職場轉折點遇到的貴人，也正是和我亦師亦友、現為富士達保經總裁的梁家駒。我們不但相互交心，他更將在保險職場所學，無私地傳授、分享給我，讓我建立富士達公司，不論在形象、知名度各方面，都朝正面發展，每一步都走得穩健、紮實。

　　我與梁家駒相遇是三十幾年前，當時是AIA總公司派他到南山人壽擔任行政副總經理，處理台灣電腦系統、變更、理賠等事宜，我們曾一起參加公司舉辦的國外旅遊。當時，因為他一口廣東腔，加上剛來台灣，因此與他友好、交談的同仁並不多。

　　人的緣分很奇妙，有一次我們相約在他住家附近、天母忠誠路上的啤酒屋，沒想到一見面，兩人很快就聊開了，而且愈聊愈投機，彼此都非常欣賞對方的特點，就此成為相見恨晚的莫逆之交。從此以後，幾乎每個月我都會開著車，載著我們兩家的成員到處旅遊，足跡遍及桃園復興鄉、北海岸，兩家人更建立起非常好的私交。

　　有一次非常瘋狂，我們兩對夫妻到北海岸、十八王公廟觀光，還去了萬里海水浴場玩水、看表演，再前往金山吃鴨肉，半夜還玩電動玩到天亮。這樣玩了一天一夜，無比盡

興，兩家人的友情自然更是融洽。

梁家駒之所以跟我如此交心，主要是我們對工作一樣熱愛，看法上也有非常多的共同點，加上生活屬於同溫層，只要談到雙方喜歡的話題，常常從晚餐談到清晨一、二點。因為各方面都相當契合，讓我們幾十年的情誼都不曾斷過。

梁家駒後來因為電腦系統建立有功，加速南山人壽核保、理賠的流程，展現經營成果，總部因而推舉他做為南山人壽的總經理。

有了這份情誼，梁家駒特別提點我，若想把保險通訊處做大，必須建立一體適用的原則，有了原則才能做公平、公正的處理，千萬不能厚此薄彼，失去人心。

諸如此類的指點，讓我不只在事業上更上層樓，人生也走得更踏實。後來，我創立富士達保經，在各方面事務的處理上，就是因為有他在我後面做後盾，才能順利成立，並得以有驚無險地走到今天。

我們兩人不只是一輩子的麻吉，更是一輩子的夥伴和知己，得此良朋益友，我真是何其有幸！感謝上蒼。

大方向 3 用不同角度看待人脈

人脈拓展的主要目的是給人幸福，而不是為了賺錢，金脈只是甜點，幸福才是主餐。因此如果想法不對，滿腦子只想用人脈賺錢，或許一時之間可以賺得盆滿缽滿，但是到頭來，你的人生還是不算成功，因為你無法獲得祝福，終將是寂寞孤獨的。

給人幸福的能力，將決定我們擁有多少人脈，這才是對待人脈拓展應該有的態度。不單單是工作上的往來，關於日常生活中的瑣事，也不放過和他人互動的機會。透過自己的人脈再去幫助下一個人，藉此像滾雪球一樣，讓自己的人脈網不斷壯大。主動幫忙他人，讓自己成為有利用價值的人，別人自然不會想失去你這個朋友。

這麼做對事業雖沒有直接的幫助，但對自己的形象是加分的。長時間積累的分數，最後會反映在接觸過的人、事、物上面，形成一種共同的認同感，這些都會影響每個人的價值觀，這樣正確的觀念才能幫助社會提升，這也是我發展人脈真正的用心。

在企業施展「幸福力」

坐而言不如起而行，於是我先在自己可及的範圍（富士達保經）實行「幸福力專案」，看看依循這樣的價值觀會展現出怎樣的成果。很高興向大家說明，在富士達保經依照這個想法研究出來的公司發展相關辦法，推行效果是出乎我意料之外的好。

初步看來，這個實驗的效果良好，它也會一直進行下去，直到有另一個可以取代的更佳方案出現為止。以下我就和大家分享整個方案中的關鍵部分。

首先，就是**把營運費用降低**，不開過多不必要的辦公室，讓員工賺更多；其次是藉由**改善系統**，讓公司運作更有效率；第三是**調整內勤員工的薪資結構**，調高到比一般公司多二成到三成，年終獎金也多給一到二個月，因為這些穩定

人心的做法，讓百分之九十的員工都留了下來，願意跟富士達一起打拚。

整體來看，就是藉由外勤收入提高、內勤薪水調高，再加上教育訓練、競賽獎勵都不斷加碼，讓公司的產能變高，富士達的營收就能翻倍，因而度過了所有難關。

之後，富士達還積極吸納人才，透過新人的CEO專案、同業ODP專案，讓公司突飛猛進。

以人為本的「幸福力專案」

新人CEO專案就是針對沒做過保險的人員，推出財務補助金，而且給將近快一年，另外就是落實培訓，藉由富士達大學的五個學院來培訓新進員工，包含：受訓、登錄、作業、分階、分科訓練，讓新人能快速熟悉公司的體制與環境，盡快進入狀況。

在目前將近兩千名的外勤員工中，有大約百分之六十到七十是沒有保險經驗、自己應徵的新人，他們也都靠著自己一步一腳印，創造出驚人的好成績。

而同業ODP專案主要是組織的發展計畫，未來希望在五年當中，堅實發展，能有四倍人力，也就是在二〇二四年時，富士達要成為八千人的組織。

顧名思義，這個專案就是找同業的主管進來，給予相當優惠的財務補助金、達成獎金、超越績效獎金等，並有好幾階的補助，藉由重賞，希望帶進更多高手投入。

其中，財務補助金強調帶兵投靠，只要一年後達到成績，就會有很高的獎勵金。以達到目標的人員來看，幾乎一

個人可以拿到一百五十萬元，因此若找一百個優質同業進來，等於要花費一億五千元，這就是希望未來三年能找到大約三百位處經理進來富士達，而一個中型通訊處規模約為二十人，就能擴大到六千人，加上現有的兩千人，就能達到二〇二四年八千人的目標。

而從二〇一九年到二〇二四年五年間，希望公司年收入可以達到五十億元，目前一年大約五億元，所以等於年收入在五年內要成長十倍、人力要成長四倍。

以目前來看，富士達已經是台灣的前十大保經，藉由招攬優秀人員、新人，希望五年後，富士達能衝到前五名、甚至前三名。

過去五年，富士達從一個小型公司，發展成中型公司，現在是中大型公司，最關鍵的是很多超過十年的主管帶領公司蛻變，這些優秀同仁就是富士達得以成長茁壯的關鍵。

另一個重要的關鍵，就是保險業是一個高度競爭的行業，且保險監管很嚴格，過去五年，富士達完完全全遵照金管會的規範，完全沒有觸法、被罰，這顯示出富士達的內稽內控、法令遵循都有徹底落實，也是因為如此，才打出相當好的基礎。

優良員工是企業發展的基石

我的初衷就是不願意一下子湧入大量業務員，卻沒有管理、規範，雖然可能可以帶來業績，卻容易發生惡意投保、承攬、亂承諾而被投訴。就是因為我的堅持，現在富士達有相當好的規劃，所有主管、同仁都能確實遵守富士達的品

德、價值、誠信教育，而為公司奠立相當穩固的基石。

以二〇一九年第一季的成績來看，較去年同期的保費收入成長百分之七十五，這正是打好基礎後的好成績。當年一月開始，富士達更透過優化4.0計畫，推出全新的制度，也就是只要付出，當月就有額外獎勵，除了每月行銷獎金之外，每月額外加發百分之十，而年終獎金以前是百分之五，現在加發百分之五，兩個相加，大方加發百分之十五。

富士達的成功祕訣就是把大量資源投入個人行銷、組織發展，讓同仁的收入大幅增加、公司收入稍減，也因此富士達現在成為保經業中業務制度最優的公司。

猶記得二〇〇七年富士達保經剛創立時，在業界的排名還在百名之後，現在已經跳到前十名，藉由持續強化的優良制度、優秀人才，未來五年，我們有信心讓富士達保經衝到業界前五名、甚至前三名，成為保經業的最佳典範。

小細節 人品與人緣

品德，是人生所有作為的基礎，也是三觀正確才能展現出的良好品格。關於這點，我對老婆和家庭的忠實也可以在這裡跟大家分享、炫耀一下。

太太是全世界最好的女人

很多人問我，為什麼我與外遇是絕緣體？理由很簡單，因為「我的太太是全世界最好的女人」，又有四個天真可愛的孩子，就算真的有外遇機會，我怎麼樣也不敢去做，因為我很清楚，一個家庭「一夕」可以崩盤、破碎，但要組織一

個家庭，卻要花幾十年時間，做任何事要審慎思考。

我每天跑公開活動，又有這麼多人事物要處理，就算我行得正，但手握公司大權，很難保證別人沒有非分之想，仍有落入另一段感情的機會。然而要杜絕桃色風暴並沒想像中的困難，例如：參加假日的公開活動、出國旅遊，我一定帶上太太，臉書發文也多半跟家庭生活有關；儘量不與同事單獨吃飯，遇到外勤同仁對我釋出好感時，我會把太太當擋箭牌，請她長話短說，因為太太找我，下班後還有家庭私事要處理。

當我與花邊、八卦絕緣，反而有更多時間可以全心全力拚事業，尤其擔任企業的董事長，唯有以身作則才能說服員工，也才能當子女的榜樣。

任何人進辦公室都不准關門

我擔任保誠人壽總經理時，辦公室位於最高樓層，該樓層有三名高階主管，以及三位祕書，除了會客之外，同仁進入我的辦公室，多是有要事報告。為了杜絕八卦，我特別交代祕書，任何人進入我的辦公室，「統統不准關門」。

為什麼我會有如此嚴格的「開門哲學」？起因是曾有一名年輕女職員進入我的辦公室說要「投訴」主管，當她把門關上，我也不疑有他。接著，她訴說主管平常如何欺負她，愈說愈傷心、就哭哭啼啼跑出去了。祕書完全不知道辦公室裡發生的事，眼神充滿疑惑，若不是與我共事時間夠長，這樣的局面會讓我百口莫辯、有理說不清，以為我欺負女職員。因此後來我就要求大家進我辦公室一律不準關門。

海外旅遊公開投標

　　我的辦公室大門二十四小時敞開，這個「開門哲學」象徵著我「公開透明」、「坦蕩蕩」的處事原則，也讓我預防了很多不必要的麻煩。首先，不會有員工提著禮物進門喬事情。後來公司舉辦國外旅遊活動，在每人平均花五、六萬元的情況下，這筆海外旅遊預計要花費一億元，我公開讓七、八家廠商比價，讓內勤同仁做簡報、參與投票，最後挑選出條件較優的三家，再進行投票，公平、公開、公正且透明的風格，贏得英國總部對我的信任。

　　以上幾點，就是我對自己品格的要求，還有對家人的忠誠，否則就算怎麼努力做公益、事業如何良好發展、財富如何增加，若家庭不和樂的話，一切都是假的。

2. 自身經驗：台大EMBA

人生活到老、學到老，二〇一八年我以逾六十歲的年齡考上台大EMBA，不僅完成我從小夢想讀台大的心願，更讓我找回年輕時的動力，以及再衝刺事業的想法。

回顧人生下半場的求學階段，四十歲讀政大EMBA是我在保誠工作、事業最忙的時候；五十歲讀北大是遇上金融海嘯、最衰的時候；現在讀台大EMBA是整體狀況最佳的時候，自己開公司，事業攀上另一高峰，孩子也都出社會工作，我沒有後顧之憂，有餘力展現大器、捐款慈善，而且班上有很多年輕同學，可以互相聊天、交換意見、彼此打氣。

班上幾乎都是台灣事業頂尖的老闆（但以前不一定是高學歷），整個體會到的感受又更不一樣。台大較為細心，課程會隨班上學生的狀況進行調整，前半年先上基礎課程（經濟、金融、會計等），後面才安排更進階的課程。擔任一年的班代後，我開始參加台大EMBA校友基金會及校友會董事。

台大與我想像的不太一樣，校方很鼓勵每個班級積極參與體育活動、競賽，像參加高爾夫球社、壘球社可強化班級向心力，不論比賽結果輸或贏，過程會讓學習變得更有趣。校方也鼓勵大家參加馬拉松活動，讓我似乎回到二十、三十歲的感覺，心態變年輕了，人生感到很有希望。

樂當班代大哥，心境變年輕

工作快四十年之後，現在要到台大EMBA讀書，與三四十歲、甚至七十五年次比我孩子還小的同學一起學習，真的需要一點勇氣。換個角度想，六十歲還能找到這麼好的平台，認識比我優秀且年輕的朋友當同學，反而能激勵自己，人生還有一、二十年可以在工作上好好發揮，心胸、視野都變得更為寬廣。

台大EMBA開學後，由於媒體報導、個性又熱心，班上同學便推舉我當班代，也深獲班導師進修學院的院長廖咸興教授的認同，讓我倍感光榮，樂當年紀最大的「班代大哥」。過程中，與比自己年輕的老師、同學切磋學問，心境不禁變年輕了，生活也多采多姿，對待工作更有熱誠，這真是意外的收穫。

由於我們班級氣氛融洽、運動競賽展現團結，A、B班轉了八名同學進來。半年來，我把班聚弄好，也訂出紅、白帖管理辦法，婚喪喜慶都鼓勵同學們共同關心。

一起出發，一起到達

台大EMBA的課程，是先做三天新生訓練，再上先修班三個月，透過財經個案討論，讓來自不同領域，如醫生、證券期貨、投信、保險、科技、甚至專才是比特幣的同學們，重新找到讀書的感覺。台大將五個系所合併，讓跨領域人才聚集，以激發跨界的思維與學習，而做為「班代大哥」，我的角色是讓同學一起出發、一起到達，兩年後大家一起參加畢業典禮。

在經歷金融海嘯後的事業低潮時，我是透過在北大充電安然度過，因此認為在這種變化萬千的環境下，若我可以站在浪頭前面帶領別人，未嘗不是好事。讀台大的心情很不一樣，我不僅經濟能力好很多、公司穩定，還榮獲十大傑出創業楷模、華人公益金傳獎、世界名人榜等，加上擔任班代，所以經常關心每位同學的狀況。

有位四十歲左右的同學自己開公司，家庭、事業、學業蠟燭三頭燒，有陣子因為訂單、業務沒拿到，他竟然想辦休學，我趕緊在一星期內與他暢談四次，告訴他「一定要撐下去，功課我可以幫你，做生意我可以給你意見」。因為我的工作經驗或許可以提供解決方法，只要堅持，我相信在工作上、學業上他一定都可以迎刃而解。

另外有一名女同學，因工作需要經常往返美國、台灣，她擔心無法負荷，也想辦休學，我告訴她，千萬不可以，好不容易考上台大EMBA，撐一下，千萬別放棄，小組討論功課，大家也都可以互相幫忙。暢談了三次，終於說服了她。當你願意做一件事，就不要抱著特定目的，甘願做，歡喜做，就可以交到更多知心朋友。

終身學習，經營事業更有效率

在台大EMBA學習過程中，我發現自己的渺小，更確認學習是一輩子的事，只要走得動，就要繼續求學。再者，我看到優秀同學能把困難度更高的工作做好、接受挑戰，激勵我把保險工作做得更好，同樣面對挫折，不該唉聲嘆氣，透過團討、切磋，與同學間激發更多創意與發想，經營事業也

更有效率。

此外，從老師講述的企業成功、失敗案例，我得出一個初步結論，很多本業成功最後卻出狀況的公司，多半是投資失敗而被拖垮，投資風險沒有控管得當，很容易拖垮本業，即使百年企業也不例外。

靜下心讀書，人生真正享樂

在台大EMBA甄試過程中，出現過一段小插曲。兩名擔任口試委員的教授在面試時質疑我：「有大學任教經驗，公司也經營得有聲有色，更重要的是已經有政大商學院、北大管理學院兩個碩士學位了，在人生應該遊山玩水享樂的年紀，真的要來念書嗎？」其實口試委員的質疑是有道理的，很多人為了證明考得上、為了冠上台大校友之稱而來，可考上了卻沒來就讀，反而白白占了名額。

我說服口試委員，兒子已從台大畢業，現在來讀台大是完成自己畢生的心願，更何況人生還能讀書，當然要加緊腳步充實自己。其實，有些話我沒對口試委員說——人生活到六十歲，每週有固定時間可以靜下心來讀書，這才是真正「享樂」。

我將「終身學習」化為行動，從自己做起，不僅影響四名子女對求學、工作的態度，也帶動公司兩千多名員工學習的氛圍，讓大家也跟著我「活到老、學到老」。

團隊合作，單車環島

這是台大EMBA每年都會舉辦的活動。宗旨是挑戰自

己，即便擁有偉大的事業，最重要的還是健康的身體。以往只有二、三十人參加，二〇二〇年因為新冠疫情的關係，大家沒辦法出國，結果共有八十人參與，真是史無前例。剛好我每天都有騎腳踏車的習慣，這樣的鍛鍊讓我有信心可以通過考驗，於是也就「輸人不輸陣」毫不猶豫地報名參加了。

話說我每天早上五、六點起床，從家中騎車至關渡往返，是我一天的起點。通常我從台北住家附近的捷運後山埤站出發，一路騎單車到大直水門才稍作休息。騎車沿路經過樹林，能吸收到芬多精，讓腦袋清醒，而且欣賞著漂亮景色，人就愉悅，正能量就出來了。騎到這裡，差不多是三分之一的路程，我會喝喝水，在這段獨處時間，靜下心思考公司策略，也會將一天要做的事情與鼓舞下屬的話語，一一發給副總們，等他們到公司就能看到或直接處理。

在環島活動中，一路都有遊覽車、子母車跟隨，提供參與者飲食、休憩、意外狀況處理等即時協助。最難忘的是第二、三天開始會有撞牆期，第六天有一段連續兩、三個小時的上坡，幸虧有同學的協助，我才能順利完成。

這段經驗讓我有很深刻的體悟。平時自己的主動付出，無形中在他人心中都會留下印象。人與人之間因為小小的互助行為，不知不覺有了更多的交集，也給彼此互動、回報的機會。

這就是廣結善緣最大的好處。尤其在這次單車環島活動中，我年紀最大，仍選擇自己踩，不騎電動車，我雖然有決心、信心可以騎完，過程中還是有借重夥伴打氣的時候。

「一個人騎得快，一群人騎得遠」，在這九天八夜的行

程中，我非常深刻地體會到這一點。這讓我想到公司與同仁的關係，與其說是雇傭關係，更應該說是夥伴關係。公司全力提供資源，滿足夥伴們的需求，而夥伴們則以達成目標做為回饋。彼此幫助，事業與人生才會走得又長又久。也就是說，要能夠單打獨鬥，也要能夠與人合作，才可以達成更高目標。

這趟旅程中，我印象最深刻的一段，就是從屏東到台東有段要騎三、四小時的上坡路，我的同學、昶智公司董事長阮延璽說：「騎上坡如果很吃力，我扶著你的背。」我非常感念這溫暖的助力，扶持我完成飆汗的上坡路。當然百分之九十還是靠我自己踩，所以我的體會就是「騎腳踏車的祕訣只有九個字：一直踩、一直踩、一直踩！而經營人脈的祕訣也是，一直做、一直做、一直做就對了。」

▲ 單車環島行中最艱苦的上坡路段大挑戰，我將單車高高舉起，以示決心。

▲ 眾人大合照，為這次壯舉記錄下精彩的一刻，留予他年說夢痕。

▲ 「一個人騎得快，一群人騎得遠」，到達目的地時，大家在終點一
起振臂歡呼，氣氛熱烈。

▲「眾志成城」，大家手腳並用，圍成一個圓，一起出發，上山下
海，無所畏懼。

▲ 休息，是為了騎更遠的路，在下榻飯店大廳的合照，讓一整天的疲
　憊一掃而空。

▲ 全員在中途休息站的彩色大階梯上合照，為接下來的行程做好最充
　分的準備，衝！衝！衝！

▲ 大夥兒在不同的地點打卡拍照，為「圓夢騎跡，經典環台」下了最好的注解。

附錄一

我的投資理財觀

個人如果沒有穩定的財務基礎，夢想也難以實現，你想要過什麼樣的生活，就得付出多大的努力，這是沒有捷徑的。要好好抓穩你要的方向，做好財務與投資理財規劃，不要把還沒賺進來的錢先花掉，形成惡性投資的困境。

　　我自己從結婚到孩子出生、成長的過程，真的是全心全力在賺錢，我認真工作，努力改善人際關係、廣建人脈，也積極往上爬，好讓薪資增加，也不忘投資自己再進修，投資孩子讓他們受良好教育，然後出來創業至今。

　　我更慶幸的是，父母在老年時能與我們同住，讓我們的孩子經歷了「家有一老如有一寶」的過程，能奉養父母，更讓我覺得自己是世上最富有、最有福氣的人，我深信和諧的家庭關係才能為你帶來財富，如果子女不孝、父母感情不睦，那談賺錢根本不切實際。

　　因為我是這樣全力以赴，所以能夠在三十幾歲時就爬到執行副總的位置，四十幾歲時已是外商保險公司的總經理。現在的年輕人如果沒有認知到要及早規劃人生，沒有覺悟到買房的重要，或知道要儘早開始投資理財，也不知努力工作往上爬，然後還跟我說「你可以但我不可以」，那人生也真是無解了。

　　我的人生可分成四個階段：一、初入社會；二、結婚生子；三、工作發展；四、勇敢創業，在每個不同階段中，我也讓自己的財務保持穩定。在投資理財方面，我傾向保守經營，基本上不碰股票或期貨這一塊，早期會跟會、存定存，但投資理財還是以房地產和保險為主。

　　在我的成長過程中，投資股票跌過跤，買過任職保險公

司的股票，最後都成了壁紙，從此以後不再碰股票。我身邊也有很多朋友不買保險，但投資股票或去玩些金錢遊戲，例如：投資珠寶、直銷或五花八門的食品，最有名的就是鴻源的吸金案，最後下場都很悽慘，敗光家產的比比皆是。

我後來投資在房地產及保險上，對我的家庭、事業的發展和維護起了很大的正面作用，所以我堅信最適合我的投資理財是房地產與保險。

◎房地產

我的第一份業務工作是在台灣英文遠東貿易雜誌社擔任廣告業務，做得還不錯，一個月可以領到四、五萬的薪水，才做兩年多，就存了近四十萬元，這應該算是我人生中的第一桶金。當我有了這第一桶金，就決定拿這筆錢去買人生中的第一間房。

內湖起家厝

我在訂婚的第三天，就馬上簽約買了一間位於內湖文德路二十幾坪的公寓。總價一百二十萬元，之前已經付了一萬元訂金，簽約時再付三萬元，買的是分期付款的預售屋。當時，我身上全部家當就只有一部三陽野狼125的機車及將近四十萬元存款。雖然岳父母很高興我做了買房計畫，但他們也很驚訝我的大膽，覺得我資金那麼有限還敢買房。不過我當時沒想那麼多，還傻傻地對岳父母說：「我可以賺啊！」我想別人都可以買，我也可以啊！

二十九歲時，我已經在南山人壽工作四年，並成立通訊處，成為南山最年輕的處經理。我做事認真，用心細膩，因此人緣極佳，我像海綿一樣吸納數百人和我一起做事，每年業績排名，我的通訊處都是全國之冠，那時的年收入超過五百萬元，但扣掉生活開銷、房屋貸款、稅金等支出後，其實也所剩無幾。然而為了孩子的生活和教育環境，我還是堅持要換到市中心居住。

於是我們從內湖二十幾坪的公寓，換到台北忠孝東路與中坡南路上的五十五坪大房子。我做任何事都是這樣，只要存到一點錢，就會以此為本，以小博大，去換一個更大的東西，例如：從內湖換房到忠孝東路，當時以三百多萬元賣掉內湖的公寓，賺到一點錢後，就去換忠孝東路總價約五百多萬元的大房子。

幾年之後，我兩個雙胞胎女兒出生，家裡人口從五人增加到八人，考慮未來小孩能有各自的房間，我準備換更大的房子。剛好我們樓上的住戶要賣房，我就把樓上買下，並將上下樓層打通，就成了一棟一百一十坪的大房。雖然當時買下六樓時房價已經超過一千五百萬元，貸款一下增加不少，但我還是輕鬆看待，覺得只要夠付頭期款，其他貸款慢慢付就好，並不感到有壓力。

後山埤最好住

我買房子，完全是根據人生不同階段的需求來規劃。我的想法是，人總要有一個自己住的地方，所以房子還是自己擁有比較好。當然從投資理財的角度來看，房子保值又能增

值。這幾年，大家可能覺得買房不易，但我還是比較傳統，因為沒有一種理財標的可以比房子增值更多，尤其你若住在台北，過去三十年如果沒有購屋的話，那你肯定吃虧。房子不像車子，車子開個五年、八年就折舊了，等於一堆廢鐵，所以我很少換車，每部車子都至少開十年以上。

我對於買房子的原則是，買到適合的房子，非必要絕不賣掉，無論如何，房子一定會增值。什麼是適合的房子？交通便捷、通風好、空間使用率高、全家人都滿意，對我而言就是一間好房子。記得我買忠孝東路的房子時，我和太太經常騎著摩托車到處看房，因為岳父母住在忠孝東路附近，於是我們比較常在附近看房子，後來找到現在住的這間房，覺得房子通風好，附近環境佳，便買了下來。

我們在這裡一住已經快三十年，剛搬進來時，老大讀幼稚園，還沒有捷運，老大上高中時捷運通車，兩個雙胞胎女兒在這裡出生，孩子們成長、讀書、結婚都在這裡，帶給我們一家人許多美好的回憶。家人平安、健康和樂，工作和事業也發展得不錯，我當這間房是我們的福居之地，就像是一間起家厝，房子住得好，絕不輕易賣掉。

不過我們買房子也發生過糗事。民國九十四年、我四十七歲的時候，曾經動過再換房的念頭，當時花了約六千萬元買了現在辦公大樓（遠雄大都市）隔壁遠雄建設蓋的一百三十八坪豪宅。新房子各種建材、石材都相當氣派，我們將原本家中的所有家具、餐具、寢具全部換新，全家人興沖沖地搬進新房子，但是住不到幾個月，就決定還是搬回忠孝東路舊家住，因為大家都住得不習慣。雖然新家號稱是一百三十

八坪的豪宅，但是公設比太高，住起來還沒有舊家一百一十坪來得寬敞。最後，這房子也只能賣掉收場。所以房子真的是要住得舒適、住得歡喜最重要。

台中房子滿是回憶

我也曾買下台中九期一棟五十九坪、總價約六百萬元的房子，住了長達二十三年的時間。那是民國八十三年的時候，房價還算便宜。因為太太一位同學的妹夫公司推案，我連房子都沒看，只聽對方介紹那裡環境、風土民情不錯就出手了。有長達十五年的時間，我們幾乎每年春節假期都會去這房子小住。我母親是台中人，我大部分的表兄弟姊妹都住台中一帶，每年春節，我們會帶著孩子及母親回台中娘家過年，並以台中為中心到中南部各地旅遊。

後來，孩子漸長，母親過世，台中的房子也閒置好長一段時間，期間，我們出租過，但是房客沒有好好照顧房子，讓我們備感頭痛。有了高鐵之後，有段時間，我在台中朝陽科技大學兼課，上午上課，下午進台中辦公室開會直到晚上，坐個高鐵不到一個小時就回到台北，幾乎不再會去住台中。房子閒置太久總是不好，前兩年我們決定將它賣掉，雖然孩子們兒時也曾在這裡留下美好而深刻的回憶。

每個房子和他的主人都自有緣分，年輕時不懂風水，買房全憑自我判斷，至今，我仍驕傲當初做得最對的決定就是考慮未來孩子就學，而從內湖搬到忠孝東路一帶。我始終相信，孩子來到都會區學習的機會較多，對他們成長、就業、選擇職業都有所幫助。我們要給孩子的財富並不是金錢本

身，而是栽培他們的腦袋，讓他們獨立自主，具有競爭力，並適應這個社會的各種挑戰。

我本身也是從桃園鄉下來到台北都會打拚的窮孩子，深刻體悟到這個大城市對我的栽培，唯有我們這一代轉富，我們的下一代才有希望。有人問我，以我現在的能力，將來會幫孩子買房嗎？也許孩子心裡會有這樣的期待，但我和另一半的原則是，孩子必須自己去經歷人生，若要買房也必須自己規劃籌備資金，學會如何運用每月薪資投資、儲蓄，以賺取自己想要的房子。我們現在擁有的孩子可與我們共享，但如果有一天我們離開了，未必會留給孩子。我常跟孩子說，賺錢除了要自己花，還要照顧員工及做公益。

三星農舍及果園

幾年前，我正值五十八歲，花了一千多萬元買了宜蘭三星的農舍及果園，農舍是三層透天厝，有八個房間，加上果園共六百坪，工作之餘，這裡就成了一家人的開心農場。尤其是來自鄉下的我，現在公餘時回歸田野，心情與小時候大不同，小時務農是為了生活，現在打理自己的菜園、果園是當作休閒娛樂。

當時會買下宜蘭農舍也算是跟著流行走，我的五專同學先在宜蘭三星買了農舍，讓我也很想跟進，於是到宜蘭的五結、三星、羅東到處找地，最後，物色到同學隔壁這塊地。剛開始我們跟屋主談價錢時，一直談不下來，中間一度停頓了一個多月沒有消息，以為買不成了。但是就如同我前面說的，房子若與主人有緣，就會自動來找你。隔了一陣子，屋

主突然主動來電表示，他願意忍痛依照我們的出價賣出。屋主突然改變心意，讓我們有點意外，問明原因才知道，原來是神明托夢告訴他房子可以賣給我們。

我很開心能有這樣一座農場，常常招待朋友來農場玩，吃的蔬果都是自己栽種的。我常常晚上下班吃過飯，就開車往農舍跑，到當地九點多就早早就寢，第二天一早五點多起床，揮桿打個高球，就到田裡工作、除草、施肥、澆水，到早上八點多在田裡忙到汗水淋漓後，就沐浴更衣，再開車回台北進公司上班。這讓我感到充實，既舒壓又讓我更有精力為生活打拚。

◎保險

人若想要財務自由，一定要經過財務不自由的階段，只**有經過錢不夠用的階段，才會懂得錢該用的時候用、不該用的時候一毛也不花的道理**。提早存到人生第一桶金，以此為錢母，依照階段規劃投資理財的進度。不論你的宗教信仰是什麼、你的金錢觀念如何，如果你不存錢，錢就會不見。雖然說錢非萬能，但是沒錢萬萬不能，這個框框是誰都跳脫不了的。

保了就沒風險

我的人生有幾個階段是比較傳統的，我認為結婚生子、買房子及工作事業這三個目標如果能妥善計劃，你後面的整體人生就可以過得比較滿意。投資房子、手邊存一點現金可

供周轉，另外買點保險，你這輩子至少財務無虞，生活可以相對好過。

我喜歡看名人傳記，包括王永慶、郭台銘等任何一個企業家的故事都會告訴你如何省一塊錢是一塊錢。**經營之神王永慶曾說：「賺一塊錢不是真的賺，存一塊錢才是真的賺。」**可見決定你財富多寡的不是每月賺了多少，而是你剩下多少，只有存下的錢才是你真正的財富。現在年輕人起薪普遍不高，投資環境也不是那麼理想，但早點規劃自己的財務還是有助未來人生幸福，有系統地儲蓄，一個階段一個階段地改變，仍有實現人生夢想的機會。

保費規劃

時下年輕人每月平均薪資為三萬至五萬元左右，扣掉生活費、水電雜支、娛樂費、房租後，幾乎所剩無幾，要如何理財？我會建議年輕人根據自己的薪資所得以不同比例分配運用。可以用一：三：六的比例分配薪資所得，換句話說，薪資的一成用於高保障低保費的終身險或定期險，三成用在孩子的教育、房貸上，另外六成薪資做為生活費用。若能按這比例規劃，不論何時，對家庭的風險已有了基本的掌握。

如果過了四十五歲或五十歲以後，比例可以調整為一：五：四來分配薪資所得，中間的比例由三成提高至五成，是增加了為自己退休準備的保險。

五百萬保障線

像我自己在孩子還小的時候，會著重在保障型高的保險

及意外險。自己的壽險保額以每出生一個小孩增加五百萬元為原則,例如:第一個兒子出生後,我的意外險與壽險保額為一千萬元,第二個兒子出生後,又增加了五百萬元的保額,七年後,兩個雙胞胎女兒出生,又加了一千萬元保額,用總計達二千五百萬元的壽險保額來保障家庭風險。人世間最悲慘的莫過於孤兒寡母,我大致算過一個孩子從出生到大學畢業的基本開銷約是五百萬元,這也是為什麼我會為每個孩子準備五百萬元的保障。

我的孩子目前已長大成人,我算是走過人生的高風險期。若談到身負房屋貸款的話,期待能平安繳完房貸,以前我的規劃是保額要調整到房價的三倍則,若以今日來講,我認為保額要調整至房價的五倍才夠支應。

富士達公司發展策略與規劃

話說保險公司已經存在地球上五百年，未來再存在五百年絕對不是問題，只要有人，就會有保險的需求。富士達成立十多年以來，公司的價值拉到最高，這是最大的成就感，保費收入不是最重要的項目，每個人的重點都不一樣，我認為要比千秋。

同時富士達的保單繼續率最高，幾乎達到百分之九十九，教育訓練方面，都有很完整的系列性課程，就像是修學分一般，因為這樣完整的教育訓練方式，留才率達到百分之八十。

當然富士達要做的事情很多，我是一個經營過保險公司的經營者，經營保經公司不會是困難，未來就是要建立一個有理想、員工想打拚的環境，成為所有人心中首選的公司，並且帶來有前瞻性的願景，是不是好公司，事實是最好的說服力。

總之，只要把公司的基礎功打好，把企業文化、價值觀建立起來，大家就會主動來一起做生意。像是最近這兩年，康健人壽、國泰人壽等保險公司就主動來跟富士達聯繫，希望可以賣他們公司的保單。

至於對富士達的未來，我認為就是要「認真經營」，專心、專業、專職地經營。對於公司的長期願景，我已經有了相當明確的方向。富士達在未來三年到五年內，有四個重大目標，第一是跨兩岸三地，第二是IPO，第三就是成為「保經界的7-11」，最後一個則是大家只要想儲蓄、醫療就交給富士達。

◎願景一：跨兩岸三地

觀察其他同業到大陸發展，結果都沒有預期的好，但富士達已經做好準備，希望在大陸用併購的方式前進，希望藉由買大陸的保經、保代公司，台灣企業也能夠併購中大型的保經、保代公司，創造出一個優質的品牌。

富士達自創立以來，持續擴大營業規模、服務據點，在人數上面，希望在未來三年能夠達到一萬人，由現在兩千多人，成長到一萬人。

我之所以有信心員工數能翻五倍，一是因為藉由校園徵才招募，一是因為富士達是好公司，所以藉由優異的經營能力、經營優勢且有管理優勢，加上我是從大型保險公司出來的，所以我一定可以經營一個規模龐大、範圍龐大的公司。

雖然在大陸發展有相當多的限制，富士達想要破繭而出，目前已經找到一個可以經營的模式，並取得主導權，目前外資的持股上限是百分之二十四點九，但我可以用其他模式，由於我是北京大學畢業，有人脈關係，所以目標一定是取得經營主導權，我從十一年前就已經做好準備，希望藉由與其他當地人合作，讓可控制的持股可以來到八成。由於兩岸三地是這麼大的一個市場，且是同文同種，因此富士達一定會前進兩岸三地。

至於富士達的策略，這幾年是先穩定台灣，儲備人才，重點更是人才要夠。二〇〇九年，我去北京大學念書，當時就有這考量，才會花三年念北京大學，經營遍布兩岸三地的人脈。我在台灣的北大校友會，曾經擔任理事長，有更好的

基礎，政大EMBA校友會在北京、上海有據點，政大全球華商班在兩岸有非常強的校友會，也有很多傑出校友，所以我在兩岸三地有非常好的關係。

過去將政治大學、北京大學的關係建立好，現在念臺灣大學財經研究所，且臺灣大學、北京大學兩個大學也有很好的關係，並且已建立了平台。未來富士達的願景就是達到一班車，做好保險服務，提供兩岸三地消費者最好的選擇。

大陸跟台灣非常像，保險商品都有三種銷售通路，分別是保險公司業務員、銀行理專、保經公司。大陸在二十多年前，跟台灣學習很多，從中學管理模式，跟台灣有非常大的交流，現在則是互相學習。

近幾年大陸的保險市場蓬勃發展，二〇一八年保費達到三點八兆人民幣，理賠支出達一點二兆人民幣，而台灣保險業二〇一七年保費收入為新台幣三點五兆元，所以大陸一年的保費收入大約是我們的五倍，而且還繼續快速成長中。

要打國際盃的保經公司，富士達一定是到一級城市。在大陸布局上，我一定會找一線城市，會以北京、上海、廣州、深圳這四個城市為首選，而首選中的首選絕對是北京、上海。

◎願景二：IPO

富士達想打大陸盃，會希望集資，讓資源不虞匱乏，而富士達常常領獎，可見是一家體質優良的好公司，二〇一八、二〇一九、二〇二〇，三年當中富士達連續獲得二十七

項大獎、全球華人公益金傳獎、世界傑出名人榜、二〇二〇年獲得卓越保險經紀人公司獎、保險信望愛獎連續七年獲獎、台灣十大傑出企業獎、台灣十大傑出創業楷模、台灣金品獎首獎、最佳社會貢獻獎、最佳熱心公益團體獎、國家品牌玉山獎企業獎連續獲獎六次、國家品牌玉山獎傑出企業領導人獎連續獲獎六次。當我們都準備好的時候，當富士達打國際盃時，初步會先選擇私募，若是資金不夠，就會啟動IPO。

我從現在開始規劃IPO，希望在二〇二四年時啟動程序，兩岸三地的市場不能放棄，畢竟大陸越來越進步，很多該開放都開放了，美國這次的衝擊，就是要讓人來。

我曾經觀察，富邦產物經營三十年後，才做富邦人壽，而後併ING安泰人壽，才十年就有很好的成績，所以只要平時做好準備，就能瞬間發動引爆，打出非常好的一場戰爭。

未來富士達啟動IPO，不一定直接上市上櫃，而是擴大公司規模，就先找幾個股東私募，經營公司，萬萬不可把全部的股票都給散戶，要有一些股東才是健康之道，也才能穩固經營權，再來IPO。

我曾經營過三萬人的大型公司，成功率是百分之百，富士達已經做好所有的準備。

◎願景三：保經界的 7-11

富士達未來的目標是成為「保經界的7-11」，因為7-11是一個生活中不可欠缺的重要夥伴，可以滿足一般民眾百分

之五十的生活需求，從機票、車票、快遞、生活中的三餐都包辦。

7-11是一個仲介，不是生產者，這也相當吻合做保險的理念，從零歲到八十歲，從裡到外，從小孩到老人，從人踏入社會後到未來的退休、資產傳承，富士達保經幾乎都可以服務到。

所以富士達跟7-11幾乎可以劃上等號，所以保險是一個讓大家非常喜歡的產業，所以現在不是談買保險，談的大多是退休之後可以領多少退休金，可是現在政府給的退休金，以目前的物價都不夠，如一個月只有兩萬四千元，連請佣人都不夠，退休後不想成為下流老人，一定要自己額外規劃。

尤其是現在，雖然有全民健保，但健保有很多方面不給付，一般民眾需要用保單來支付長期照護、醫療、重大疾病、失能等方面的開銷，富士達保經扮演的角色跟7-11一樣，什麼都可以做到，「無所不在，無所不為」。

長期來看，富士達希望可以服務到所有客戶，尤其保險行業是讓別人看得起的行業，以前很多人不喜歡保險業務員，但現在我們無所不在，因為所有困難都可以解決，從內科到外科，從醫療到失能等等，每個人人生的每個階段都需要保險。

過去很多名人都是在事業巔峰時生病，像是賀一航、豬哥亮、梅艷芳，幾乎在離開前，都是繼續撐，繼續幫家人留錢，未來只要選擇可全方位服務的保經公司，也就是富士達，就跟7-11一樣，二十四小時都能為你服務。

我記得剛開始從事保險銷售時，社會觀感不好，現在則

是完全不同，保險已是大家都看重的行業，尤其是富士達得很多獎、「獎」不完之後，現在大家對於保險業已經徹底改觀，整體產業的社會地位也持續提升。

簡單說明一下，富士達企業形象中的3A隱含了保險、投資、理財、溫暖、友善、富貴、財務健康、保單健康，業務員賺到錢、服務好，公司就是九十分，因為沒有一百分的公司。

我希望未來富士達公司的業務員見到客戶時，是非常專業、帶著誠信的態度，做好售前規劃，幫客戶買到高貴不貴的商品，而富士達是優質的公司，公司很有朝氣、活力，是一個年輕的公司，所有的保險買了都很安心，未來投保之後，幾十年的過程當中，完全不用擔心保單延續的問題，接下來的第二代、第三代都會持續下去，這也是推動富士達持續往前的動能跟力量。

富士達已十多歲了，已過了第一個階段，第二個階段，也就是未來的三到五年、富士達滿二十年的時候，希望已成為讓大家感覺非常優質、真的達到7-11服務品質的、散播幸福的據點，員工來到這裡，滿二十年時，富士達已經兩岸布局完畢，成為最有價值、品質最好的保經公司。

◎願景四：儲蓄、醫療就交給富士達

長期來看，富士達不是要成為業務量最大的保經公司，而是要建立一個結合智能科技、結合所有一切的平台，而這需要調整步伐，所以會多管齊下去改變，只要有朝一日需要

調整，富士達隨時可以調整。

像是現在的行動投保趨勢，富士達也會符合消費者的要求與需求，趕上這樣的水準，富士達都做好了萬全的準備，包含金管會跟IFRS 17的要求。

只要是儲蓄、醫療就交給保險經紀人，富士達會做好稱職的角色，慢慢走出不同的路，未來不排除成立兩個部門，一個是純保障的部門，一個是純投資的部門。富士達也會加速網路的教育訓練跟實體的教育訓練，開發出很多的線上學習課程，還有面對面的學習課程，雙管齊下，同步去做。

未來的富士達就跟大學一樣，會跟著社會潮流，持續不斷改變、更新，都會跟著上時代潮流，也會宏觀去看消費者喜歡用什麼方式投保，會跟著這樣的腳步邁進。

以上四個願景就是富士達接下來的戰略目標，期望這些目標能夠一一實現，將富士達打造成為第一名的保經公司。

人脈＝金脈＝成功＝幸福

廣結善緣，持續服務，自然財源滾滾，人生圓滿

國家圖書館出版品預行編目（CIP）資料

成功的祕道：人脈學院 / 廖學茂著 -- 初版 .-- 臺
北市：張老師文化事業股份有限公司，2021.03
　面；公分 .--（管理系列；BM001）

ISBN　978-957-693-951-8（平裝）

1. 職場成功法　2. 人際關係

494.35　　　　　　　　　　　　　110002023

管理系列 BM001

成功的祕道：人脈學院

讀家心聞網

LINE 官方帳號

圖書目錄（線上版）

讀家粉絲團

作　　者 / 廖學茂
總 編 輯 / 梁志君
主　　編 / 萬　儀
企劃編輯 / 蔡含文
特約編輯 / 謝佩親
封面設計 / 李東記
行銷企劃 / 呂昕慈

總 經 理 / 涂喜敏
出 版 者 / 張老師文化事業股份有限公司 Living Psychology Publishers Co.
　　　　　郵撥帳號：18395080
　　　　　10647 台北市大安區羅斯福路三段 325 號地下一樓
　　　　　電話：(02)2369-7959　傳真：(02)2363-7110
　　　　　E-mail：service@lppc.com.tw
　　　　　讀者服務：23141 新北市新店區中正路 538 巷 5 號 2 樓
　　　　　電話：(02)2218-8811　傳真：(02)2218-0805
　　　　　E-mail：sales@lppc.com.tw
　　　　　網址：http://www.lppc.com.tw（讀家心聞網）

登 記 證 / 局版北市業字第 1514 號
Ｉ Ｓ Ｂ Ｎ / 978-957-693-951-8
定　　價 / 399 元
初版 1 刷 / 2021 年 4 月
初版10刷 / 2021 年 4 月

法律顧問 / 林廷隆律師
排　　版 / 余德忠
印　　製 / 大亞彩色印刷製版股份有限公司